Thomas BEDNAR
Josef EBERHARDSTEINER
Rupert FRITZENWALLNER
Maximilian NEUSSER
Helmut WEINHARDT

# ZUR ENERGIETRÄGERVERBRAUCHSPROGNOSE GROSSER, HETEROGENER GEBÄUDEBESTÄNDE

## Grundlagen – Potentiale – Vorgehensweisen

Österreichische Akademie der Wissenschaften
Kommission für die Wissenschaftliche Zusammenarbeit
mit Dienststellen des BM für Landesverteidigung und Sport

Projektberichte
Herausgegeben von Hans Sünkel

OAW
Österreichische Akademie
der Wissenschaften

Verlag der Österreichischen Akademie der Wissenschaften
Wien 2015

THOMAS BEDNAR
JOSEF EBERHARDSTEINER
RUPERT FRITZENWALLNER
MAXIMILIAN NEUSSER
HELMUT WEINHARDT

# ZUR ENERGIETRÄGERVERBRAUCHSPROGNOSE GROSSER, HETEROGENER GEBÄUDEBESTÄNDE

## Grundlagen – Potentiale – Vorgehensweisen

# ON ENERGY CARRIER CONSUMPTION FORECAST OF LARGE HETEROGENEOUS BUILDING STOCKS

## METHODS – POTENTIALS – IMPLEMENTATION

VERLAG DER ÖSTERREICHISCHEN AKADEMIE DER WISSENSCHAFTEN
WIEN 2015

*ISBN 978-3-7001-7838-5*

*IMPRESSUM*

*Medieninhaber und
Herausgeber:
Österreichische
Akademie der
Wissenschaften*

*Kommissionsobmann:
o. Univ.-Prof. DI Dr. Hans Sünkel, w. M.*

*Layout:
Dr. Katja Skodacsek*

*Lektorat:
DDr. Josef Kohlbacher*

*Druck:
BMLVS/Heeresdruckzentrum, Ast Stiftgasse
3856/15*

*Wien, im Juni 2015*

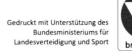

Gedruckt mit Unterstützung des
Bundesministeriums für
Landesverteidigung und Sport

bmlvs.gv.at

# Editorial

Die Kommission der Österreichischen Akademie der Wissenschaften für die wissenschaftliche Zusammenarbeit mit Dienststellen des Bundesministeriums für Landesverteidigung und Sport wurde auf Initiative von Herrn Altpräsidenten em. o. Univ.-Prof. Dr. Dr. h. c. Otto HITTMAIR und Herrn General i. R. Erich EDER in der Gesamtsitzung der Österreichischen Akademie der Wissenschaften am 4. März 1994 gegründet.

Entsprechend dem Übereinkommen zwischen der Österreichischen Akademie der Wissenschaften und dem Bundesministerium für Landesverteidigung und Sport besteht die Zielsetzung der Kommission darin, für Projekte der Grundlagenforschung von Mitgliedern der Österreichischen Akademie der Wissenschaften, deren Fragestellungen auch für das Bundesministerium für Landesverteidigung und Sport eine gewisse Relevanz besitzen, die finanzielle Unterstützung des Bundesministeriums zu gewinnen. Von Seiten des Bundesministeriums für Landesverteidigung und Sport wird andererseits die Möglichkeit wahrgenommen, den im eigenen Bereich nicht abgedeckten Forschungsbedarf an Mitglieder der höchstrangigen wissenschaftlichen Institution Österreichs vergeben zu können.

In der Sitzung der Kommission am 16. Oktober 1998 wurde der einstimmige Beschluss gefasst, eine Publikationsreihe zu eröffnen, in der wichtige Ergebnisse von Forschungsprojekten in Form von Booklets dargestellt werden.

Meiner Vorgängerin in der Funktion des Kommissionsobmanns, Frau em. o. Univ.-Prof. Dr. DDr. h. c. Elisabeth LICHTENBERGER, sind die Realisierung und die moderne, zweckmäßige Gestaltung dieser Publikationsreihe zu verdanken.

Das Bundesministerium für Landesverteidigung und Sport hat dankenswerterweise die Finanzierung der Projektberichte übernommen, welche im Verlag der Österreichischen Akademie der Wissenschaften erscheinen.

Hiermit wird

- Projektbericht 17:
  BEDNAR/EBERHARDSTEINER/FRITZENWALLNER/NEUSSER/
  WEINHARDT: Zur Energieträgerverbrauchsprognose großer, heterogener
  Gebäudebestände. Grundlagen – Potentiale – Vorgehensweisen. Wien 2015.

vorgelegt.

Wien, im Juni 2015                                              Hans Sünkel

# Vorwort des Kommissionsobmanns

Die Energieeffizienzrichtlinie der Europäischen Union und die österreichische Festlegung einer Vorbildfunktion der öffentlichen Hand zur Kontrolle und aktiven Steuerung von Energieverbrauch, Energiekosten und $CO_2$-Emissionen einschließlich Inventarerstellung der Gesamtnutzflächen und Energieeffizienz (Heizwärmebedarf) aller öffentlichen Gebäudebestände bis 31. Dezember 2013 haben das Österreichische Bundesheer (ÖBH) als öffentlichen Eigentümer von rund 3.600 Gebäuden veranlasst, eine möglichst ökonomische, allen relevanten Vorschriften genügende Vorgehensweise zu finden.

Die Erstellung eines Energieausweises für jedes einzelne Gebäude seines großen, heterogenen Immobilienbestandes lag und liegt offenkundig außerhalb der finanziellen Möglichkeiten des ÖBH.

So wurden die Mitwirkung von und die Zusammenarbeit mit der Wissenschaft im Wege eines gemeinsamen Forschungsprojekts gesucht, welches vom damals (2009) zuständigen Sektionsleiter im BMLVS, Generalleutnant Mag. Freyo APFALTER und unserem Kommissionsmitglied sowie Dekan der Fakultät für Bauingenieurwesen der TU-Wien, Univ. Prof. Dipl.-Ing. Dr. techn. DDr. h. c. Josef EBERHARDSTEINER, w. M. eingeleitet worden ist.

Seither hat ein gemeinsames Team aus beiden Einrichtungen die wissenschaftlichen Grundlagen für aussagekräftige Energieträgerverbrauchsprognosen großer, heterogener Gebäudebestände gelegt, ökonomische Vorgehensweisen entwickelt und fundierte Potentialangaben möglich gemacht.

Als Obmann unserer von der Österreichischen Akademie der Wissenschaften (ÖAW) und dem Bundesministerium für Landesverteidigung und Sport (BMLVS) gemeinsam getragenen Kommission freut mich besonders, dass die von der ÖAW postulierte Anwendungsoffenheit grundlegender Forschung als wechselseitige Vorteile von Erkenntniszuwachs und praktischem Nutzen in diesem Forschungsprojekt für beide Partner so erfolgreich und klar hervortritt.

Ich wünsche allen Beteiligten weiterhin reiche Ernte ihres wissenschaftlichen Einsatzes.

Graz, im Juni 2015

o. Univ. -Prof. Dipl.-Ing. Dr. techn. Hans SÜNKEL, w. M.,
Kommissionsobmann

# Geleitwort des Chefs des Generalstabes des ÖBH

Forschung kostet Geld. Diese Tatsache hat im Bundesministerium für Landesverteidigung und Sport selbst in diesen Zeiten beispielloser Ressourcenenge nicht zur Abkehr von jeglichen Forschungsaktivitäten geführt. Aus gutem Grund – wie das Beispiel des im vorliegenden Projektbericht: *Zur Energieverbrauchsprognose großer heterogener Gebäudebestände: Grundlagen – Potentiale – Vorgehensweisen* dargestellte Projekt und dessen nachhaltig positive Auswirkungen für das Österreichische Bundesheer zeigt.

Dem Österreichischen Bundesheer kommt als verfassungsmäßige Hauptaufgabe die Landesverteidigung unserer Republik zu. Darüber hinaus aber auch die Obsorge um etwa 3.600 Gebäude im Ressortbereich, die eine wesentliche Grundlage zur Erfüllung unserer Hauptaufgabe bilden.

Kommen aus dem Bereich der Europäischen Union verbindliche Richtlinien, beispielsweise zur Steigerung der Energieeffizienz von Gebäuden, und setzt der Österreichische Gesetzgeber diese mit dem ausdrücklichen Auftrag einer Vorbildfunktion der öffentlichen Hand um, dann ist der Bereich des BMLVS nicht ausgenommen und in allen, besonders auch ressourcenmäßigen, Konsequenzen voll mitbetroffen.

Umso bedeutsamer war es daher, Unterstützung aus Wissenschaft und Forschung zu suchen, um im gegenständlichen, partnerschaftlichen Forschungsprojekt einen möglichst ökonomischen, dennoch alle gesetzlichen Vorgaben und Auflagen erfüllenden neuen Lösungsweg zu finden. Dieser kann nunmehr beschritten werden und dem Bundesheer Jahr für Jahr erhebliche Mittel zu Gunsten der Erfüllung seiner Hauptaufgabe sichern.

Ich gratuliere dem gemeinsamen Forschungsteam zu seinem Ergebnis und freue mich über ein nachhaltiges Beispiel fruchtbarer Forschungszusammenarbeit - besonders in Zeiten das BMLVS bedrückender budgetärer Nöte.

Wien, im Juni 2015

General Mag. Othmar COMMENDA
Chef des Generalstabes
Stellvertretender Kommissionsobmann

# Einführung

Dem Gebot des sparsamen Umganges mit Ressourcen folgend sowie des Weiteren unter dem Aspekt gekürzter Budgetmittel wurde bereits im Jahr 2009 das Abteilungsprojekt „Energiemanagement im BMLVS" im Bereich Landesverteidigung initialisiert.

Schon bald nach dem Projektstart kristallisierte sich heraus, dass die Projektziele nur mit entsprechender IT-Unterstützung und wissenschaftlichem Know-how wirtschaftlich umsetzbar waren.

Im Zuge des Projektziels zur Erstellung der Energieausweise kam es im Mai des Jahres 2011 zu einem ersten Zusammentreffen der Autoren. Dabei hat sich bereits gezeigt, dass aus den unterschiedlichen Kompetenzen der Beteiligten erhebliche Synergien lukrierbar sind.

Anhand der wissenschaftlichen Expertise und der laufenden Forschungen der TU WIEN zum Thema Energieverbrauch von Gebäuden und zu den IT-Services im BMLVS konnte den internen Herausforderungen und externen Rahmenbedingungen bestmöglich entsprochen werden.

Durch die Zusammenführung der aktuellen nationalen und internationalen wissenschaftlichen Entwicklungen, die laufende Erfassung und Wartung der Daten durch das Militärische Immobilienmanagement sowie die Aufbereitung und Verknüpfung der Informationen in den IT-Services des Facility Managements durch das Führungsunterstützungszentrum war die Umsetzung der Ziele der Energieeffizienzrichtlinie mit geringem budgetären Aufwand möglich.

Hervorzuheben ist, dass in diesem Zusammenhang der ehemalige Leiter der Sektion III im BMLVS, Freyo ABFALTER, die wissenschaftliche Zusammenarbeit zwischen dem BMLVS und der TU WIEN stets unterstützt und gefördert hat. Namentlich wird in diesem Zusammenhang auch Markus LEEB, Walter FATH, Norbert SKARBAL und Markus MOSER für den unermüdlichen Einsatz bei der Bearbeitung des Vorhabens gedankt.

Unser Dank gilt auch den Mitarbeitern der teilnehmenden Organisationeinheiten des Österreichischen Bundesheeres die das Vorhaben tatkräftig unterstützt haben.

Insgesamt hat sich gezeigt, dass durch engagierte Projektbeteiligte und die Zusammenführung von Wissen über Energie und Informatik komplexe Aufgabenstellungen wirtschaftlich effektiv und effizient umgesetzt werden.

Durch die Kooperation wurde es möglich, im Rahmen des Annexes 53 der Internationalen Energie Agentur die österreichische wissenschaftliche Kompetenz bei der Analyse großer Gebäudebestände und deren wirtschaftlicher Optimierung darzustellen.

Wie die Auszeichnung der Generaldirektion Energie der Europäischen Kommission dokumentiert, wurde ein innovatives zukunftsorientiertes Modell zur energetischen Steuerung eines großen Immobilienportfolios umgesetzt.

Wien, im Mai 2015

Thomas Bednar, Josef Eberhardsteiner, Rupert Fritzenwallner,
Maximilian Neusser, Helmut Weinhardt

**Titelbild**

In der Regel sind in Datenbanken zum Gebäudebestand mit wachsender Anzahl an Gebäuden immer weniger Parameter erfasst. Details zur Nutzung sind üblicherweise nicht bekannt, die Genauigkeit der Prognose des Energieverbrauchs ist daher eher gering (Model Type 2). Im Rahmen des gemeinsamen Projekts wurde auf Basis der vorhandenen und einiger weniger nacherhobener Daten eine Modellierung entwickelt, die ausreichend genau die Nutzung und die Gebäude abbildet, um die Prognose des Energieverbrauchs deutlich zu verbessern (Model Type 1).

Im Hintergrund ist ein Luftbild der Schwarzenbergkaserne als Beispiel für den Gebäudebestand des BMLVS zu erkennen.

*Quelle http://www.bundesheer.at/archiv/a2008/euro08/galerie.php?id=1524&currRubrik=166:*

Mit freundlicher Genehmigung
des Österreichischen Bundesheeres

# Inhaltsverzeichnis

# Kurzfassung

Aufgrund europäischer Richtlinien und des Regierungsprogramms der XXIV. Gesetzgebungsperiode in Österreich sind Energieverbrauch, Energiekosten und $CO_2$-Emissionen zu kontrollieren und aktiv zu steuern.

Im Bundesministerium für Landesverteidigung und Sport (BMLVS) wurde daher das Abteilungsprojekt „Energiemanagement im BMLVS" mit der Zielsetzung, in den nächsten fünf Jahren
- den Energieverbrauch um 20% zu senken und
- die $CO_2$-Emission um 20% zu reduzieren,

beauftragt.

Gemäß Energieeffizienzrichtlinie der Europäischen Union wurde die Vorbildfunktion der öffentlichen Hand festgelegt und gefordert, dass bis 31. Dezember 2013 ein komplettes Inventar
- der Gesamtnutzflächen in m² und des Weiteren
- der Gesamtenergieeffizienz der Gebäude (Heizwärmebedarf)

für den öffentlichen Gebäudebestand zu erstellen ist.

Da die Kosten zur Erstellung der Energieausweise (Ermittlung des Heizwärmebedarfs) für die ca. 3.600 Gebäude mit ca. 4,1 Mio. m² Bruttogrundfläche des Österreichischen Bundesheeres (ÖBH) mit geschätzten Kosten in der Höhe von ca. 4 Mio. € durch das verfügbare Budget nicht bedeckbar waren, wurde eine Machbarkeitsstudie zur Erstellung vereinfachter Energieausweise auf Basis von verfügbaren Daten in den IT-Services des ÖBH durchgeführt.

Die Eingangsdaten aus den IT-Services
- Immobiliendatenbank (IDB),
- Bauinformationssystem (BI),
- Energieausweisberechnungssoftware (EAW),
- Meter Data Management (MDM),
- Personalinformationssystem (PS/NT)

und einzelne extern beschaffte Daten
- der Zentralanstalt für Meteorologie und Geodynamik (ZAMG),
- der Bundesbeschaffungsgesellschaft (BBG) sowie
- der Energieversorgungsunternehmen (EVUs)

wurden in einem Data Warehouse durch die Abteilung Bauwesen des FüUZ aufbereitet.

Parallel dazu wurden durch das Militärische Immobilienmanagementzentrum (MIMZ) detaillierte Langzeiterhebungen der Nutzung und des Energieverbrauchs über drei Jahre für die Gebäudetypen
- Kanzleigebäude,
- Mannschaftsgebäude,
- Küchengebäude und
- Werkstättengebäude

jeweils in vier Liegenschaften des ÖBH durchgeführt und durch den Forschungsbereich für Bauphysik und Schallschutz des Instituts für Hochbau und Technologie der TU WIEN analysiert und ausgewertet.

Fachliche Grundlage der Modellerstellung waren die Kenntnisse der TU WIEN über den Stand des Wissens zur Modellierung von Gebäuden zur Energieträgerverbrauchsprognose unter Berücksichtigung der tatsächlichen Nutzung sowie Kenntnisse zur Entwicklung der einschlägigen Normen und der OIB-Richtlinie 6 „Energieeinsparung und Wärmeschutz". Besonders die Erkenntnisse aus dem Forschungsvorhaben des Annexes 53 der Internationalen Energieagentur (IEA) konnten hier umgesetzt werden.

Aufgrund der aufbereiteten Ausgangsdaten der IT-Services und der Langzeiterhebungen im ÖBH in Kombination mit dem fachlichen Input der TU WIEN konnte ein Rechenmodell mit MATLAB entwickelt und damit der Energieverbrauch den Gebäuden zugeordnet werden.

Aufbauend auf dem Rechenmodell wurde durch die TU-WIEN in einem iterativen Prozess mit dem Führungsunterstützungszentrum (FüUZ) der theoretische Energieverbrauch pro Gebäude ermittelt. Im mehrstufigen Validierungs- und Abstimmungsverfahren wurden die theoretisch ermittelten Energieverbräuche auf Liegenschaftsebene aggregiert und sowohl mit den tatsächlichen Verbrauchsdaten, die ab dem Jahr 2004 im IT-Service Bauinformationssystem verfügbar sind, als auch mit vorliegenden berechneten, konventionellen Energieausweisen abgeglichen.

Nach diesem mehrstufigen Validierungsprozess und der Ausscheidung einzelner Gebäude wurde das Rechenmodell durch das FüUZ dokumentiert, diese Programm- und Prozessdokumentation mit der TU WIEN abgestimmt und das Layout für die Darstellung und den Druck der vereinfachten Energieausweise konzipiert.

Wie der Vergleich der berechneten, theoretischen, jährlichen Ausgaben für Wärme und Strom mit den tatsächlichen Wärme- und Stromausgaben belegt, liegt der Korrelationskoeffizient $R^2$ bei 0,82 bzw. 0,94, was die Reliabilität und Validität der Forschungsergebnisse dokumentiert.

Ausgehend von den theoretisch ermittelten Energieverbräuchen und der Validierung mit den erhobenen Nutzungsbedingungen für die angeführten Gebäudetypen gemäß Langzeiterhebungen vor Ort, wurden diese durch die normgemäßen Nutzungsbedingungen ersetzt und so vom Energieverbrauch auf den Energiebedarf rückgeschlossen.

Die Aufbereitung und automatisierte Ausgabe der Energieausweise erfolgte auf Basis der Mustervorlage nach OIB-Richtlinie 6 aus dem Jahr 2011 mit den zu Grunde liegenden Ausgangsdaten und den berechneten Ergebnissen des Energiebedarfs.

Dem vorausgehend wurde einerseits eine inhaltliche Überprüfung der Eingangsdaten durch die lokalen Fachleute in den Militärischen Service Zentren (MSZ) durchgeführt und andererseits mit der TU WIEN formal die rechtlichen Aspekte zur Nutzung der Ergebnisse als vereinfachter Energieausweis gemäß OIB-Richtlinie dokumentiert. Somit konnte den formalen Bedingungen der teilweise in den Bauordnungen bzw. Bautechnikgesetzen existierenden Festlegungen der Bundesländer entsprochen werden.

Die vereinfachten Energieausweise für die ca. 2.000 beheizten bzw. konditionierten Gebäude wurden durch das FüUZ erstellt und durch das MIMZ dem Leiter der Sektion III und den MSZen zur Nutzung, z.B. bei Verkäufen und Vermietungen von Immobilienbeständen, und zum Aushang in den Gebäuden übergeben. Des Weiteren wurden die Energieausweise im Rahmen der Umsetzung der Anforderungen der Energieeffizienzrichtlinie an das Bundesministerium für Wirtschaft und Arbeit (BMWA) übermittelt.

Der Immobilienbestand des BMLVS umfasst ca. zwei Drittel der in Eigenverwaltung aller Ressorts befindlichen Immobilien. Durch den Berater des BMWA wurde die Vorbereitung des BMLVS hinsichtlich der Energieeffizienzrichtlinie als musterhaft gewürdigt und als Grundlage für die Bemessung des Einsparzieles herangezogen.

Neben der Erfüllung formaler Verpflichtungen (Energieausweis, Inventar beheizter Gebäude etc.) wurde eine Übersicht des Wärme- und Stromverbrauchs bzw. der Steuerungskennzahlen geschaffen, um anhand liegenschaftsbezogener Energiesparkonzepte weitere Optimierungen der Energieausgaben zielgerichtet umsetzen zu können.

Insbesondere steht diesbezüglich die Änderung des Nutzerverhaltens im Fokus, da kostenintensive Baumaßnahmen aufgrund der Budgetsituation im BMLVS nur eingeschränkt umsetzbar sind.

Da gegenüber einer externen Vergabe der Energieausweise, deren Kosten mit ca. 4 Mio. € geschätzt wurden, mit Ausgaben in der Höhe von ca. 0,09 Mio. € für Software und Dienstleistung das Auslangen gefunden wurde, kann dieses Projekt als Best Practice für „Business IT Alignment" bezeichnet werden.

Dabei ist der Mehrwert durch das strategische Energielagebild noch nicht berücksichtigt, sondern nur die Reduktion der Ausgaben für die Umsetzung der Energieeffizienzrichtlinie eingerechnet.

Die Machbarkeitsstudie basiert auf der EUREM-Abschlussarbeit eines der Autoren, die im Rahmen des EUREM Award 2013 in NÜRNBERG durch Eva HOOS von der Generaldirektion Energie der Europäischen Kommission als bestes österreichisches Projekt ausgezeichnet wurde.

Durch die Facility Management Austria wurde der Ausbildungspreis 2013 für das Projekt zuerkannt.

Derzeit wird das „Proof of Concept" als eigenes Modul Energielagenbild (ELB) im Rahmen des IT-Services Immobiliendatenbank realisiert.

Neben diesem „top down approach" Energielagebild wird auch an einem „bottom up approach" zur automatisierten Zählerfernauslesung gearbeitet. Dadurch sollen die derzeit monatlich von ca. 2.500 Zählern manuell abgelesenen Verbrauchswerte elektronisch als Modul Meter Data Management (MDM) in die Immobiliendatenbank übernommen werden.

Weiters erfolgt die sukzessive Zentralisierung und Vereinheitlichung der ca. 300 Gebäudeautomationslösungen durch die Nutzung des internationalen Standards BACnet als interoperables Kommunikationsprotokoll in der Gebäudeautomation.

Durch diese strategischen und operativen Ansätze zur Verbesserung der Energieeffizienz wird auch den gegebenen Wirtschaftlichkeits- und Sicherheitsanforderungen im Ressort Rechnung getragen.

# Abstract

Energy consumption, energy costs and $CO_2$ emissions in Austria are to be checked and actively monitored following European directives and the governmental program of the XXIVth legislation period.

The project, "Energy Management in (BMLVS)" was therefore commissioned by the Federal Ministry for National Defence and Sport (BMLVS) with the following objectives in the next five years:

- to lower energy consumption by 20% and
- to reduce $CO_2$ emissions by 20%.

The Energy Efficiency Directive of the European Union requires each government to set an example by creating an inventory of public buildings by the 31st of December 2013 with

- the total usable floor area in qm and
- the building's total energy efficiency (heating energy need).

The available budget was insufficient for the approx. € 4 million required for generating energy certificates (determining the heating energy demand) for the approx. 3,600 buildings of the Austrian Armed Forces (ÖBH) with approximately 4.1 million sqm gross floor area. Thus, a feasibility study to determine a simpler energy certificate calculation method based on the available data in the IT services of the ÖBH was undertaken.

The input data from the IT Services were,

- a real estate data bank (IDB)
- building information system (BI)
- energy certificate calculation software (EAW)
- energy meter data management (MDM) and
- personnel information system (PS/NT).

External data supplied by the following institutions were prepared by the Department of Construction in a data warehouse:

- The Central Institute for Meteorology and Geodynamics (ZAMG)
- The Federal Procurement Agency (BBG) and
- Energy suppliers (EVUs).

The Military Real Estate Management Centre (MIMZ) conducted a three-year detailed long-term survey of the use and energy consumption in parallel for the following building types:

- public office buildings
- barracks
- kitchen buildings and
- workshops.

The abovementioned surveys were performed on four different properties of the ÖBH and the survey data were analysed and evaluated by the Research Center for Building

Physics and Sound Protection, Institute of Building Construction and Technology, Vienna University of Technology (TU Wien).

The basis for developing the model was the state-of-the-art knowledge of TU Wien to estimate energy carrier consumption considering actual energy use, reflecting the development of the relevant standards and the OIB Guideline 6 "Energy Saving and Heat Insulation".

The calculation model could be developed using MATLAB and the energy consumptions were able to be allocated to the buildings because of the prepared input data of the IT Service and the long-term survey by the ÖBH combined with the technical input of the TU Wien.

The TU Wien in an iterative process with the Leadership Support Centre (Führungsunterstützungszentrum, FüUZ) calculated the theoretical energy consumption per building based on the calculation model. The theoretically calculated energy consumptions were aggregated in a multi-level validation and coordination process per property and compared to both the actual consumption data available since 2004 in the IT-Service Building Information System Databank and also the existing conventional energy certificate calculation.

The calculation method was recorded by the Leadership Support Centre (FüUZ) following the multi-level validation process and after eliminating single buildings. This program and process documentation was also coordinated with the TU Wien. The presentation and printing layouts of the simplified energy certificate were designed following the validation process.

The comparison between the calculated theoretical and actual annual expenditures for heat and electricity proves that the correlation coefficient, R2, is 0.82 and respectively, 0.94. This demonstrates the reliability and validity of the research results.

These were replaced by the use conditions conforming to the standard based on the theoretically determined energy consumptions and the validation with the ascertained conditions of use for the stated building types corresponding to the long-term survey conducted on-site. Thus, it was possible to deduce the energy demand from the energy consumption.

The processing and automated output of the energy certificate results from the basis of the template according to OIB Guideline 6 from 2011 with the output data based on the underlying data and the calculated results of the energy certificate.

Prior to that, the local experts in the Military Service Centers (MSZ) carried out an internal content review of the input data and the TU Wien documented the formal and legal aspects of using the results as a simplified energy certificate in accordance to the OIB Guidelines. Therefore, it was possible to maintain the formal conditions, partially specified in the building codes, respectively the building technology laws of the federal states.

The simplified energy certificate for approx. 2,000 heated or conditioned buildings was generated by the FüUZ and given to the Head of Section III and the MSZen through the MIMZ for use, i.e. for selling and renting existing real estate and for wall posting in the buildings. Also, the energy certificate was communicated to the Federal

Ministry for Economy and Work (BMWA) within the implementation framework of the Energy Efficiency Directive requirements.

The approximately two-thirds of the real estate portfolio of the BMLVS includes departments which run independently. The BMWA advisor awarded the preparation of the BMLVS in reference to the Energy Efficiency Directive with distinction and it was used as a basis for the assessment of the conservation goal.

Aside from fulfilling the formal obligations (e. g. energy certificate, inventory of heated buildings, and so on.) an overview of the heat and electricity consumption or the performance indicators was made for the reason to be able to implement goal-oriented further optimizations of the energy outputs based on property-based energy conservation concepts.

The focus is especially directed to changing occupant behaviour because implementation of the cost-intensive construction works is limited to the budget situation in the BMLVS.

This project can be designated as a best practice for "Business IT Alignment" as actual expenditures of approx. € 0.09 million for software and services were determined to be sufficient instead of the original external budget of approx. € 4 million for the conventional energy certificate.

Therefore, the added value through the strategic current energy situation is not yet considered, but rather the reduction of the expenditures for the implementation of the Energy Efficiency Directive included in the calculation only.

The feasibility study is based on the EUREM final paper of one of the authors; the thesis in the framework of the EUREM Award 2013 in Nurnberg by Eva HOOS of the European Commission Directorate General of Energy was awarded with a prize as the best Austrian project.

The project also won the Education Prize 2013 from Facility Management Austria.

At presence, the "Proof of Concept" is implemented as a separate module of the Strategic Energy Situation (ELB) within the framework of the IT-Services real estate databank.

Aside from the "top down approach" strategic energy situation, a "bottom up approach" is being developed to automate remote meter readouts. The current monthly manual consumption readouts of approx. 2,500 meters should be electronically registered in the real estate databank as Module Meter Data Management (MDM).

Furthermore, the successive centralization and standardization of the approx. 300 building automation solutions follows through the use of the international standard, BACnet, as interoperable communication protocol in building automation.

This strategic and operative approach to improve energy efficiency also takes into account the economic and security requirements in departments.

# 1 Einleitung

## 1.1 Motivation

### 1.1.1 Ausgangssituation im BMLVS

Gemäß der Energieeffizienzrichtlinie der Europäischen Union (EU-EnEff-RL) hat jeder Mitgliedsstaat ab 1. Jänner 2014 drei Prozent der Gesamtfläche konditionierter Gebäude im Eigentum der Zentralregierung gemäß den Mindestanforderungen an die Gesamtenergieeffizienz zu renovieren.

Als Grundlage zum Nachweis dieser Vorgabe ist bis zum 31. Dezember 2013 ein Inventar der beheizten und/oder gekühlten Gebäude, in dem

- die Gesamtnutzfläche in $m^2$ und
- die Gesamtenergieeffizienz jedes Gebäudes oder relevante Energiedaten

ausgewiesen werden, zu erstellen.

Die Österreichische Bundesregierung hat bereits im Regierungsprogramm der XXIV. Gesetzgebungsperiode festgelegt, dass künftig durch die Energiebudgetierung des Bundes der Energieverbrauch, die Energiekosten und die $CO_2$-Emissionen zu kontrollieren und laufend zu reduzieren sind.

Im Bundesministerium für Landesverteidigung und Sport (BMLVS) als großer Immobilieneigentümer wurde bereits im Jahre 2009 das Abteilungsprojekt „Energiemanagement im BMLVS" mit der zentralen Zielsetzung, in den nächsten fünf Jahren

- den Energieverbrauch (witterungsbereinigt) um 20% zu senken und
- die CO2-Emissionen um 20% zu reduzieren,

beauftragt.

Diese Ziele sind einerseits bottom-up durch die Umsetzung liegenschaftsbezogener Energieeinsparkonzepte und andererseits top-down durch das Energielagebild (ELB) zur Erfassung, Verarbeitung und Steuerung von Energieströmen im Ressort umzusetzen.

Hinsichtlich der Rahmenbedingungen sind folgende interne und externe Aspekte zu berücksichtigen:

- Als interne Rahmenbedingungen sind einerseits die Entwicklung der Kernaufgaben für das Ressort und die Diskussion über die Wehrpflicht sowie der davon abgeleitete Umfang des Immobilienportfolios und andererseits die durch das Bundesfinanzrahmengesetz festgeschriebene Budgetentwicklung anzuführen.
- Als externe Rahmenbedingungen sind primär die politischen Entwicklungen zum Thema Energieeffizienz und Klimaschutz von Relevanz. Neben der Energieeffizienzrichtlinie 2012 der Europäischen Union, die eine Vorbildfunktion der öffentlichen Hand und die Sanierung von jährlich 3% des Immobilienbestandes auf den neuesten energetischen Stand vorsieht, ist auch das österreichische Energieausweis-Vorlage-Gesetz 2012 anzuführen. Die nationale Umsetzung der Energieeffizienzrichtlinie (Energieeffizienzgesetz 2014) ist dabei vorzubereiten.

Tendenziell werden sowohl die internen als auch die externen Entwicklungen zu einer weiteren Straffung der Organisation und subsidiär zu einer Reduktion des erforderlichen Immobilienbestandes führen, wobei auch die Energieeffizienz ein Entscheidungskriterium dafür sein sollte, welche Standorte beibehalten werden.

Aufgrund der dargestellten Auftragssituation ist eine Vorgehensweise zu evaluieren, wie mit wirtschaftlich vertretbarem Ressourcenaufwand innerhalb eines begrenzten Zeitraums ein energetisches und klimapolitisches Modell zur Steuerung eines großen Immobilienportfolios entwickelt werden kann. Die Forschungsfrage gliedert sich in nachstehende Subfragen:

- Entwicklung eines Modells für den gesamten Gebäudebestand zur Dokumentation und Steuerung des Energieverbrauchs, des Energiebedarfs und der Energieausgaben – primär aufbauend auf Indikatoren, die in IT-Services des Ressorts verfügbar sind bzw. zugekauft werden können.
- Durchführung einer Machbarkeitsstudie, einer Wirtschaftlichkeitsanalyse und die Erstellung der vereinfachten Energieausweise (vEAW) für jene ca. 2.000 Gebäude des Ressorts, die gemäß Energieausweisvorlagegesetz einen Energieausweis erfordern.

## 1.1.2 Ressourcenverbrauch und Treibhausgasemissionen

Die nachhaltige Sicherung der Versorgung Österreichs mit Energie und die weltweiten Anstrengungen zur Senkung der Treibhausgasemissionen haben in den letzten Jahren zunehmend zu einer Diskussion über die Entwicklung des österreichischen Gebäudebestandes geführt. Mit der Errichtung, der Nutzung, der Sanierung oder dem Abbruch von Gebäuden ist ein erheblicher Verbrauch an Ressourcen und Energieträgern verbunden. Gemäß Statistik Austria wurden 2007 über 30% des Endenergieverbrauchs für Raumwärme, Warmwasser und Kühlung und 19% für Haushalte, KMUs und Kleinverbraucher verwendet. Die 2010 von der Bundesregierung veröffentlichte Energiestrategie sieht im Bereich Raumwärme und Kühlung das größte Potential zur Senkung des Endenergieverbrauchs.

Maßnahmen zur Förderung der thermischen Gebäudesanierung, Novellen zum Bundesvergabegesetz und Durchführungsverordnungen zur EU-Ökodesign-Richtlinie sollen helfen, die Ziele bis 2020 zu erreichen.

Die öffentliche Hand verpflichtet sich dabei zu einer Vorbildfunktion. Besonders Maßnahmen im Bereich der Gebäude, des Fuhrparks, der Beleuchtung und der Beschaffung sind Teil der Strategie.

### 1.1.3 Gesamtenergieeffizienz von Gebäuden

Auf europäischer Ebene wurden 1988 und 1993 Richtlinien über Bauprodukte bzw. effiziente Energienutzung und 2002 dann die Richtlinie 2002/91/EG über die Gesamtenergieeffizienz von Gebäuden verlautbart.

In Österreich mündete die Diskussion 2006 in die Verlautbarung des Energieausweis-Vorlage-Gesetzes (EAVG 2006) durch den Bund und auf Seiten der Bundesländer in die Anpassung der Bauordnungen, welche durch die Richtlinie 6 des österreichischen Instituts für Bautechnik (OIB RL 6:2007) harmonisiert werden und auf Seiten der ÖNORMEN in die Überarbeitung bzw. Neuerstellung der Serien ÖNORM B 8110 und ÖNORM H 5055 bis ÖNORM H 5059. Durch das EAVG 2006 wurde es zur Pflicht, dass bei jeder Vermietung und Verpachtung sowie jedem Verkauf ein Energieausweis vorgelegt wird.

2010 wurde die europäische Richtlinie zur Gesamtenergieeffizienz von Gebäuden in einer Neufassung veröffentlicht und in der Folge das Energieausweis-Vorlage-Gesetz 2012 angepasst. Auch die OIB-Richtlinien und ÖNORMEN wurden kontinuierlich modifiziert.

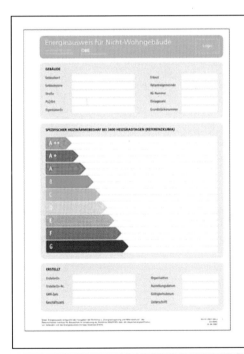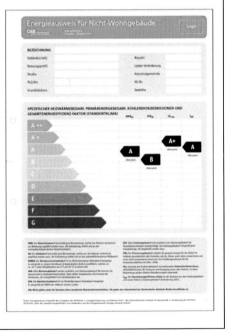

*Abb. 1: Erste Seite des Energieausweises nach OIB RL6:2007 zu EAVG 2006 (links) und OIB RL 2011 zu EAVG 2012 (rechts)*

Durch den Energieausweis werden Energiekennzahlen für die notwendigen Energiemengen für Heizung, Warmwasser, Kühlung, Raumlufttechnik und Beleuchtung festgelegt und ein Labeling für Konsumenten definiert.

Besonders bei Bestandssanierungen wird durch das Labeling und die Energiekennzahlen klar ausgedrückt, um wie viel mehr Energie verbraucht wird als bei Neubauten bzw. Sanierungen. Im Rahmen der Wohnbauförderung werden die Energiekennzahlen vor und nach der Sanierung verwendet, um die Effizienz der Maßnahmen zu beurteilen und gegebenenfalls eine Förderung zu erteilen.

Für den Eigentümer eines Gebäudebestandes könnten die Energieausweise für die einzelnen Gebäude die Möglichkeit darstellen, einen technischen Überblick über die Objekte zu bekommen, um Sanierungsmaßnahmen zu planen. Voraussetzung wäre, dass die tatsächliche Nutzung vor und nach der Sanierung abgebildet werden könnte.

### 1.1.4 Motivation – Energiekosten senken

Steigende Energiepreise motivieren sehr stark, um über Maßnahmen nachzudenken, die Energiekosten zu senken. Der Wechsel des Anbieters, der Wechsel des Tarifs aufgrund veränderter Abnahmecharakteristika oder das Senken des Energieverbrauchs können dabei sinnvolle Maßnahmen sein.

Die Einführung eines betrieblichen Energiemanagementsystems als Maßnahme, um den Überblick über die Struktur der Versorger, die Tarife und die Verbraucher zu bekommen, ist daher eine zentrale Maßnahme, die es ermöglicht, strategisch das betriebliche Energiesystem zu entwickeln.

## 1.2   Zielsetzung

Im Bundesministerium für Landesverteidigung und Sport (BMLVS) als großer Immobilieneigentümer wurde das Projekt „Energiemanagement im BMLVS" mit der zentralen Zielsetzung gestartet, in den nächsten Jahren den Energieverbrauch zu senken und die Treibhausgas-Emissionen zu reduzieren.

Dazu wurde in einer Kooperation zwischen der TU Wien und der Abteilung Bauwesen des Führungsunterstützungszentrums (FüUZ/Appl/Bauw) des Österreichischen Bundesheeres BMLVS ein Modell zur Erfassung eines großen, heterogenen Gebäudebestandes entwickelt, um auf Basis validierter Modelle ein Energielagebild (ELB) erstellen und Maßnahmen erarbeiten zu können, die mit minimalem Aufwand eine maximale Reduktion der Energiekosten, des Energieverbrauchs und der damit verbundenen Treibhausgas-Emissionen ergeben.

# 2 Energieeinsatz in Gebäuden – Stand des Wissens zur Prognose des Energieträgereinsatzes

Im Rahmen der internationalen Forschungskooperation IEA Annex 53 „Total energy use in buildings" wurden von 2010 bis 2013 der Stand des Wissens zur Energieverbrauchsprognose erhoben und eine Reihe von Definitionen und Methoden entwickelt, die helfen, realitätsnahe den Energieverbrauch für Nutzung und Gebäudebetrieb zu verstehen. Die Forschungsarbeit wurde dabei in vier Subtasks aufgespalten.

Subtask A: Definitions and Reporting;
Subtask B: Case Studies and Data Collection;
Subtask C: Statistical Methods;
Subtask D: Energy Performance Evaluation.

In Österreich wurde die IEA Forschungskooperation durch das parallel laufende, im Rahmen des Forschungsförderungsprogramms des BMVIT „Haus der Zukunft" geförderte Projekt „Entwicklung des ersten rechtssicheren Nachweisverfahrens für Plusenergiegiegebäude durch komplette Überarbeitung der ÖNORMEN" begleitet. Details zu den Projekten sind in folgenden Berichten veröffentlicht:

R. Rosenberger, T. Bednar, H. Schöberl, K. Ponweiser, C. Pöhn, A. Storch, W. Wagner, J. Schnieders; Entwicklung des ersten rechtssicheren Nachweisverfahrens für Plusenergiegiegebäude durch komplette Überarbeitung der ÖNORMEN; Schriftenreihe 06/2013, Herausgeber: bmvit
http://www.hausderzukunft.at/results.html/id5969

T. Bednar, A. Korjenic; IEA Energie in Gebäuden und Kommunen Annex 53: Gesamtenergieverbrauch in Gebäuden – Analysen und Bewertungsmethoden; Schriftenreihe 18/2014; Herausgeber: bmvit
http://www.nachhaltigwirtschaften.at/publikationen/view.html/id1221

IEA Annex 53:
http://www.iea-ebc.org/projects/completed-projects/ebc-annex-53/

Total Energy Use in Buildings - Analysis and evaluation methods
Final Report Annex 53 Volume I Definition of Terms
Final Report Annex 53 Volume II Occupant Behaviour and Modelling
Final Report Annex 53 Volume III Case Studies
Final Report Annex 53 Volume IV Data Collection Systems for the Management of Building Energy System
Final Report Annex 53 Volume V Statistical Analysis and Prediction Methods
Final Report Annex 53 Volume VI Energy Performance Analysis

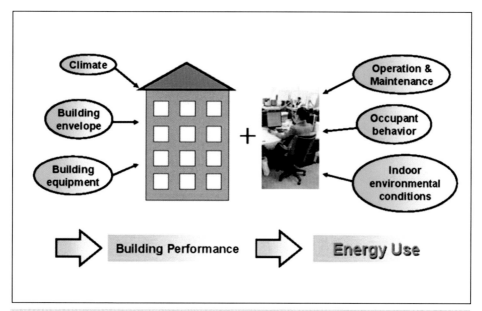

*Abb. 2: Zusammenstellung der sechs wesentlichen Einflussfaktoren, die den Ge-
samtenergieverbrauch in Gebäuden beeinflussen (IEA Annex 53 – Final report)*

Zur Entwicklung eines vollständigen Verständnisses zur Prognose des Energieverbrauchs in Gebäuden müssen folgende sechs wesentlichen Einflussfaktoren abgebildet werden: Klima, Bautechnik, Gebäudetechnik, Betriebsweise und Wartung, Nutzerverhalten und Innenraumqualität.

## 2.1 Bilanzgrenzen

Um ein internationales Verständnis zur Berechnung bzw. zur Angabe des Energieverbrauchs zu unterstützen, wurden die Bilanzgrenzen $E_b$ und $E_t$ definiert. Innerhalb der
Bilanzgrenze $E_b$ werden nur die Nutzung, die Innenraumqualität und die Bautechnik
berücksichtigt. Erst die Bilanzgrenze $E_t$ enthält auch die Gebäudetechnik zusammen mit
der Steuerung.

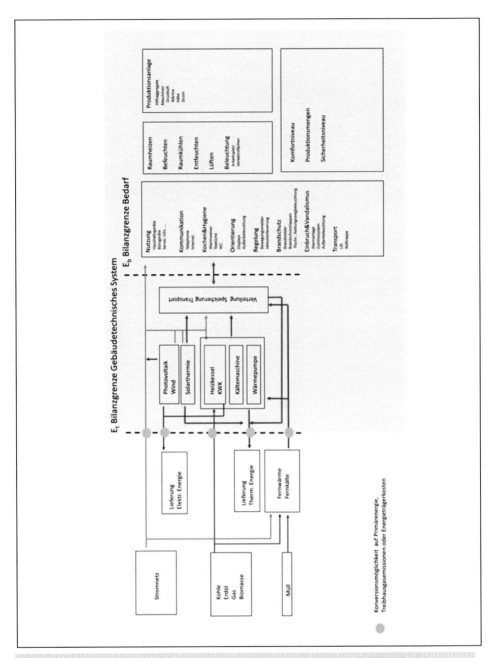

**Abb. 3: Bilanzgrenzen $E_b$ und $E_t$ zur Bestimmung des Energieverbrauchs in Gebäuden**

Zur Energieträgerverbrauchsprognose großer, heterogener Gebäudebestände

## 2.2 Kenngrößen

Beispielhaft einige typische Kenngrößen für den Energieverbrauch in Gebäuden:

- Die Kenngröße mit ...bedarf entspricht dabei dem minimalen Energiebedarf zur Erfüllung von minimalen Anforderungen bei durchschnittlicher Nutzung und durchschnittlichem Außenklima
- Die Kenngröße mit ...verbrauch entspricht dem realistischen Energieverbrauch zur Erfüllung der tatsächlichen Anforderungen bei realistischer Nutzung und tatsächlichem Außenklima. Diese Kenngröße kann mit einer Messung an der Bilanzgrenze $E_t$ verglichen werden.

*Heizwärmebedarf/Heizwärmeverbrauch*

Ist eine Kenngröße an der Bilanzgrenze $E_b$ und entspricht der Wärmemenge, die benötigt wird, um eine bestimmte Temperatur im konditionierten Bereich eines Gebäudes nicht zu unterschreiten.

*Heizenergiebedarf/Heizenergieverbrauch*

Ist eine Kenngröße an der Bilanzgrenze $E_t$ und entspricht der Endenergiemenge, die benötigt wird, um die Anforderungen an Raumheizung und Warmwasser zu erfüllen.

*Primärenergiebedarf/Primärenergieverbrauch*

Ist eine Kenngröße an der Bilanzgrenze $E_t$ und entspricht der mit Hilfe der Konversionsfaktoren für das österreichische Energiesystem konvertierten Endenergiemenge, die benötigt wird, um die Anforderungen an Raumheizung, Warmwasser, Raumkühlung, Lüftung, Beleuchtung und Nutzung zu erfüllen.

*Betriebsstrombedarf/Betriebsstromverbrauch*

Ist die Strommenge, die mit der Nutzung verbunden ist. Hier ist der Wert an der Bilanzgrenze $E_b$ und $E_t$ gleich, da Verluste im Leitungsnetz im Gebäude vernachlässigt werden können.

*Beleuchtungsenergiebedarf/Beleuchtungsenergieverbrauch*

Hier ist der Wert an der Bilanzgrenze $E_b$ und $E_t$ gleich, da Verluste im Leitungsnetz im Gebäude vernachlässigt werden können.

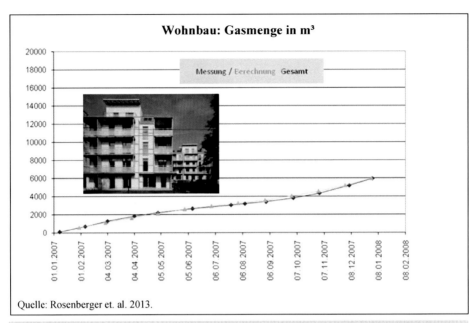

Quelle: Rosenberger et. al. 2013.

**Abb. 4: Vergleich gemessener und berechneter Energieverbrauch für Raumheizung und Warmwasser für ein Mehrfamiliengebäude im Niedrigstenergiegebäudestandard**

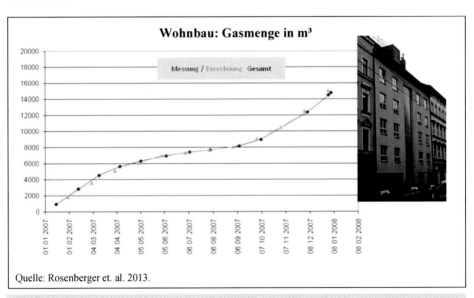

Quelle: Rosenberger et. al. 2013.

**Abb. 5: Vergleich gemessener und berechneter Energieverbrauch für Raumheizung und Warmwasser für ein Mehrfamiliengebäude Baujahr 1990**

Zur Energieträgerverbrauchsprognose großer, heterogener Gebäudebestände

## 2.3 Rechenmethoden und Modelle mit unterschiedlichen Detaillierungsgraden

Zur Bestimmung des Energieverbrauchs in Gebäuden gibt es unterschiedlich detaillierte Berechnungsmodelle. Als für die Praxis tauglich haben sich dabei einerseits dynamische Gebäudesimulationsmodelle und andererseits auch das Monatsbilanzverfahren erwiesen.

Die dynamischen Gebäudesimulationsmodelle sind dabei genauer. Durch die realitätsnahe Abbildung der zeitlichen Dynamik des Außenklimas, der Nutzung, der Steuerung, der Bauteile und der Gebäudetechnikkomponenten können die auftretenden Energieströme sehr genau errechnet werden. Diese detaillierte Berechnung benötigt sehr detaillierte Eingangsdaten zur Nutzung und zum Gebäude und hat je nach Komplexität des Gebäudes hohe Rechenzeiten.

Die gebräuchlichste Vereinfachung zur Reduktion der Rechenzeiten ist die Anwendung eines Monatsbilanzverfahrens. Dabei werden Energieverluste und Energiegewinne auf Monatsbasis bilanziert und die Auswirkung von Steuerung sowie die zeitliche Dynamik nur sehr vereinfacht abgebildet. Die dazu notwendigen Anpassungsfaktoren wurden durch den Vergleich mit detaillierten dynamischen Gebäudesimulationen ermittelt.

In Rosenberger et. al 2013 werden die verschiedenen Verfahren zusammengestellt und am Beispiel von Wohngebäuden, Bürogebäuden und Schulen evaluiert.

Erkennbar ist, dass sowohl bei Niedrigstenergiegebäuden als auch bei konventionellen Wohngebäuden mit hoher Präzision der Energieverbrauch berechnet werden kann. Wie in den zitierten Berichten dargestellt, ist dazu eine detaillierte Kenntnis der Bautechnik, der Nutzung und der Gebäudetechnik notwendig.

Auch bei Bürogebäuden kann mit detaillierten Gebäudemodellen bei detailliert bekannter Nutzung der Energieverbrauch berechnet werden. Die Angaben, die man zur Berechnung benötigt, sind in den zitierten Berichten zusammengestellt.

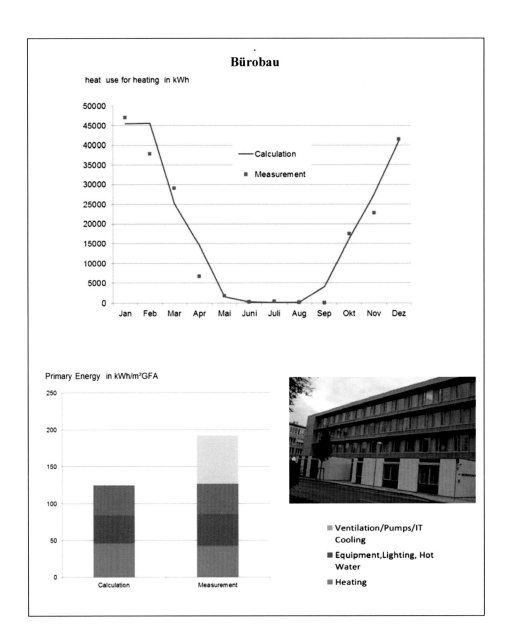

**Bürobau**

heat use for heating in kWh

Zur Energieträgerverbrauchsprognose großer, heterogener Gebäudebestände

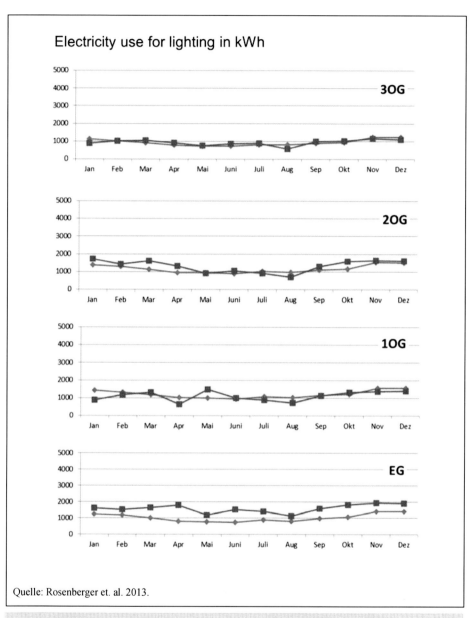

***Abb. 6: Vergleich gemessener und berechneter Energieverbrauch für Raumheizung, Beleuchtung, Arbeitsplätze für ein Bürogebäude***

# 3 Abbildung von Gebäudebeständen in Datenbanken zum Facility-Management

Wie im vorigen Kapitel erkennbar, ist die Berechnung des Energieverbrauchs einzelner Gebäude bei detaillierter Kenntnis der Nutzung, Innenraumqualität, der Bautechnik, der Gebäudetechnik, der Betriebsweise (Steuerung, Regelung) und des Außenklimas sehr gut möglich.

In der Realität existieren aber bis dato bei Eigentümern größerer Gebäudebestände keine detaillierten Erfassungen der Nutzung (Anwesenheit von Personen, Stromverbrauch der Geräte etc.), der Bautechnik in verwendbarer Form (Datenbanken), des Weiteren keine detaillierten Informationen zur Gebäudetechnik und schon gar nicht zur Regelung und Steuerung.

Wie in der Abbildung 7 dargestellt, besteht eine wesentliche Herausforderung darin, Modelle zu entwickeln, die selbst bei einer geringer Anzahl an erfassten Parametern eines Gebäudebestandes (und der Nutzung) eine ausreichende Genauigkeit bei der Schätzung des Energieverbrauchs aufweisen.

Üblicherweise wird in den Datenbanken von Immobilienportfolios die Nutzung nicht abgebildet. Auch detaillierte Daten zur Gebäude- und Regelungstechnik sowie zur Betriebsweise werden nicht erfasst.

Umgekehrt werden im Zuge der Berechnung von Energieausweisen, wenn die Berechnung detailliert und nicht vereinfacht erfolgt, sehr genau die Daten zur Bau- und Gebäudetechnik erhoben. Da im Zuge von Sanierungen auf Basis einer Wirtschaftlichkeitsrechnung Entscheidungen gefällt werden, besteht hier ein großes Potential, diese beiden „Welten" zu synchronisieren.

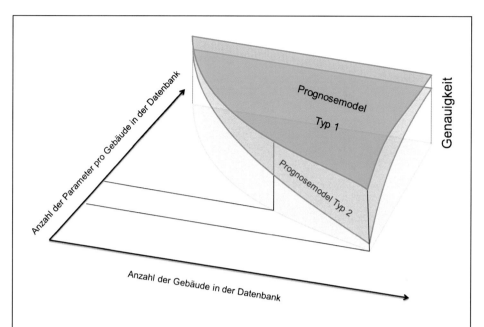

In der Regel sind in Datenbanken zum Gebäudebestand mit wachsender Anzahl an Gebäuden immer weniger Parameter erfasst. Details zur Nutzung sind üblicherweise nicht bekannt. Die Genauigkeit der Prognose des Energieverbrauchs ist daher eher gering (Model Type 2). Im Rahmen des gemeinsamen Projekts wurde auf Basis der vorhandenen und einiger weniger nacherhobener Daten eine Modellierung entwickelt, die ausreichend genau die Nutzung und die Gebäude abbildet, um die Prognose des Energieverbrauchs deutlich zu verbessern (Model Type 1).

*Abb. 7: Genauigkeit von Energieträgerverbrauchsprognosen großer Gebäudebestände*

# 4 Analyse möglicher Potentiale zur Senkung des Energieverbrauchs und der damit verbundenen Kosten

Wenn in einer IT-Umgebung sowohl der Gebäudebestand (Bautechnik und Gebäudetechnik) als auch die Nutzung sowie die vertragliche Situation der Energieversorgung erfasst werden, so ist es möglich, vorhandene Potentiale zu identifizieren, bei welchem Gebäude organisatorische, bau- und gebäudetechnische Maßnahmen wirtschaftlich sind. Durch die Erfassung der vertraglichen Situation mit dem Energieversorger wird es darüber hinaus auch möglich, Potentiale durch einen Wechsel des Anbieters zu identifizieren.

In einer ersten Analyse zeigte sich, dass die Energieausgaben pro Mitarbeiter in den verschiedenen Bundesländern deutlich unterschiedlich sind. Daraus würde sich ergeben, dass – wenn alle Liegenschaften in den Bundesländern im Mittel der effizientesten entsprächen – eine Reduktion der Ausgaben für Wärme um rund 30% und der für Strom ebenso um rund 30% möglich wären.

Eine nachhaltige, IT-basierte Lösung, um den Prozess der Erneuerung strategisch zu steuern, ist daher sehr sinnvoll.

# 5 Datenquellen für die Parameter einer Energieverbrauchsprognose

Das folgende Kapitel soll einen Überblick über die Besonderheiten des in Zusammenarbeit mit der Abteilung Bauwesen des Führungsunterstützungszentrums (FüUZ/Appl/Bauw) des Österreichischen Bundesheeres BMLVS (FüUZ/Appl/Bauw) entwickelten Berechnungsmodells zum Energielagebild (ELB) der Objekte und Liegenschaften des BMLVS bieten und verallgemeinerte Sichtweisen auf die wesentlichen Parameter liefern.

Um den Aufwand zur Generierung dieser Datenbasis für das Portfoliomanagement nicht explodieren zu lassen, sind zwingend Überlegungen zu möglichen Verknüpfungsmöglichkeiten in bestehenden Datenbanksystemen und Ansätze zur Abschätzung der wesentlichen Parameter aus bekannten und im Immobilienmanagement üblichen Kenngrößen erforderlich. Diese Abschätzungen bestehen aus Annahmen, welche einerseits wissenschaftlich hinterfragt und andererseits im Lebenszyklus einer Immobilie ständig angepasst werden müssen. Zur Berücksichtigung dieser Gründe benötigt es transparente und modulare Ansätze für energiebezogene Parameter in einem Portfoliomanagementsystem. Folgende Parameter konnten im Rahmen der Sensitivitätsanalyse gefunden werden, die in der Regel nicht direkt in Form vorhandener Datenbanken zur Verfügung stehen:

- Gebäudegeometrie,
- thermischer Standard der Gebäudehülle,
- innere Lasten zufolge von Personen und Geräten,
- Fensterflächenanteile,
- Raumklima,
- Außenklima,
- Nutzungsprofile und
- Gebäudegeometrie.

## 5.1 Bruttogrundfläche

Zur Energieverbrauchsprognose wird die konditionierte Bruttogrundfläche benötigt. Innerhalb von Portfoliomanagementsystemen sind in den Datenbanken in der Regel nur Räume mit Abgabesystemen als beheizte Räume erfasst. Räume, die indirekt beheizt werden (z.B. Gänge) sich aber innerhalb der thermischen Gebäudehülle befinden, werden trotzdem als unbeheizte Räume geführt. Um die konditionierte Bruttogrundfläche abzuschätzen, wird die Summe der beheizten Nettogrundrissflächen um einen zur jeweiligen Objektkategorie passenden Zuschlag erhöht. Da dieser Zuschlag im Wesentlichen vom Grundriss und der Objektkategorie abhängt, kann er anhand von Referenzobjekten identifiziert werden. Die konditionierte Bruttogrundfläche ist somit das Produkt aus der Fläche, die innerhalb der Datenbank als beheizt gekennzeichnet ist, und einem vorher festgelegten Prozentsatz als Aufschlag zur Berücksichtigung der nicht direkt beheizten Räume. Folgende Zuschläge konnten gefunden werden:

**Tab. 1: Zuschlag konditionierte Fläche**

| Objektkategorie gemäß Referenzobjekten | Zuschlag beheizter zu konditionierter Fläche |
|---|---|
| Kanzleigebäude | 9 % |
| Mannschaftsunterkunft | 12 % |
| Lagergebäude | 11 % |
| Küchengebäude | 20 % |
| Sonstige Gebäude | 13 % |

## 5.2 Thermische Hüllfläche

Die derzeitig normierten Rechenverfahren für die Erstellung eines Energieausweises erlauben, das Gebäude in einen volumengleichen Quader (Grundfläche entweder rechteckig, L-förmig, T-förmig, U-förmig oder O-förmig) einzuschreiben, wobei Vorsprünge (z.B. Erker) oder Einsprünge (z.B. Loggien) vernachlässigt werden können. Diese Näherung wurde auch bei der Erstellung des Prognosemodells angewandt und beinhaltet folgende Vorgehensweise nach [OIB-RL6-L]:

- Auffinden der Grundfläche (flächengleich) unter Berücksichtigung der oben
- erwähnten Vernachlässigungen,
- Festlegung der Geschoßanzahl (nur konditionierte Geschoße),
- Festlegung der durchschnittlichen Bruttogeschoßhöhe und
- Festlegung der durchschnittlichen Nettogeschoßhöhe.

Durch diese getroffenen Annahmen und Vereinfachungen können jegliche komplexe Gebäudegeometrien in vereinfachter Weise aus wenigen Grundparametern wie Nettogrundrissfläche, Geschoßanzahl und mittlere Geschoßhöhe innerhalb des Prognosemodells abgebildet werden. Diese Parameter sind in der Regel auch in Datenbanken zur Immobilienverwaltung vorhanden und können somit als Basis für die Berechnungen dienen. Die Ermittlung der Fläche der konditionierten Gebäudehülle zur Bestimmung eines Transmissionswärmeverlustes im Rahmen der Energieverbrauchsprognose kann anhand dieses volumengleichen Quaders wie folgt erfolgen:

- Die Fläche der Außenfassade wird durch Multiplikation des Umfanges (Summe von doppelter Außenbreite und doppelter Außenlänge) und der Gesamthöhe aller beheizten Regelgeschoße ermittelt. Bei Gebäuden mit beheiztem Dachgeschoß kommt hinzu die Außenbreite des Gebäudes mal der doppelten (Brutto-) Geschoßhöhe des beheizten Dachgeschoßes. Diese Annäherung wird gewählt, weil die beiden Stirnseiten des Gebäudes als Rechtecke berücksichtigt werden, da auch davon auszugehen ist, dass in der Längsrichtung ein Kniestockmauerwerk vorhanden ist.
- Weiters müssen Annahmen zu Dachform, Dachgeschoß und deren Ausbildung in der Realität sowie deren Abbildung im Berechnungsmodell getroffen werden. Ist kein beheiztes Dachgeschoß vorhanden, dann wird davon ausgegangen, dass kein ausgebautes Dach, sondern ein Flachdach vorliegt. Die Fläche der obersten Geschoßdecke entspricht somit der Bruttogrundrissfläche des volumengleichen Quaders. Ist ein unbeheiztes Dachgeschoß (belüfteter Dachraum) vorhanden, dann wird ebenso die Fläche der OGD zugrunde gelegt, da diese somit die Grenze der thermischen Gebäudehülle darstellt.
- In allen übrigen Fällen wird davon ausgegangen, dass ein beheiztes Dachgeschoß vorliegt. Die Dachfläche wird durch Multiplikation der doppelten Außenlänge und der schrägen Dachlänge ermittelt. Die schräge Dachlänge eines ausgebauten Daches wird aus der Wurzel der halben Außenbreite des Gebäudes zum Quadrat und der (Brutto-) Geschoßhöhe des beheizten Dachgeschoßes zum Quadrat ermittelt. In Summe mit der untersten Geschoßdecke, die die Grundrissfläche darstellt, können somit alle thermischen Außenflächen des volumengleichen Quaders zur Energieverbrauchsprognose aus wenigen, in der Regel in Datenbanken vorhandenen, Eintragungen ermittelt werden.

## 5.3  Fensterflächen

Fensterflächen an den Fassadenflächen und deren geeignete Zuordnung zu den Himmelsrichtungen werden durch einen Anteil als Prozentsatz der Fensterflächen an den jeweiligen Fassadenflächen bestimmt. Da dieser Prozentsatz im Wesentlichen dem gewählten Grundriss und somit der Nutzung des Gebäudes entspricht, kann dieser anhand von Referenzobjekten identifiziert werden.

## 5.4  Objektkategorien und Gliederung der NGF

Für die Energieverbrauchsprognose werden im gegenständlichen Modell automatisiert Objekte nach folgenden Kriterien ausgeschieden und nicht innerhalb der Berechnungen berücksichtigt:

- Es werden nur Objekte herangezogen, deren beheizte Nettogrundfläche (NGF) eine bestimmte Größe übersteigt. Gebäude, die nicht konditioniert sind oder deren konditionierte Fläche klein ausfällt, werden ausgeschieden.
- Um die dennoch große Vielfalt an Nutzungsmöglichkeiten von Gebäuden innerhalb des restlichen Portfolios mittels eines überschaubaren Aufwandes im Prognosemodell abbilden zu können, ist eine Einteilung dieser Vielfalt in Kategorien anzustreben. In der Bau- und Immobilienbranche und in Benchmarking Pools wird für die Definition der Nutzung überwiegend die nachstehende Gliederung der Nettogrundfläche (NGF) gemäß DIN 277-2 herangezogen:

*Tab. 2: Nutzungsgruppen gemäß DIN 277*

| Nutzungsgruppen gemäß DIN 277 | |
|---|---|
| NF 1 | Wohnen und Aufenthalt |
| NF 2 | Büroarbeit |
| NF 3 | Produktion, Hand- und Maschinenarbeit, Experimente |
| NF 4 | Lagern, Verteilen und Verkaufen |
| NF 5 | Bildung, Unterricht und Kultur |
| NF 6 | Heilen und Pflegen |
| NF 7 | Sonstige Nutzflächen |
| TF 8 | Technische Funktionsfläche |
| VF 9 | Verkehrsfläche |

Diese Nutzergruppen sind in der Regel für fast alle Räume in einer Datenbank erfasst und nach beheizten und unbeheizten Räumen untergliedert. Diese Strukturierung wird daher im Modell als Bezugsfläche herangezogen. Falls eine abweichende Kategorisierung in Datenbanken besteht, ist eine Anpassung des Modells notwendig.

## 5.5 Baustandard und Wärmedurchgangskoeffizient

Ausgehend von der Situation, dass die Verfügbarkeit von Schichtaufbauten von thermischen Gebäudehüllen im Bestand nur selten bekannt ist und für eine digitale Verarbeitung nicht aufbereitet zur Verfügung steht, braucht es Ansätze, um die notwendigen Parameter hinsichtlich des Baustandards einer Energieverbrauchsprognose sinnvoll abschätzen zu können. Innerhalb der OIB-Richtlinie 6 wurde der Ansatz für Bestandsgebäude ermöglicht, diese nach ihrem Baujahr zu beurteilen und die damaligen durch die Bauordnung regulierten Qualitäten der thermischen Gebäudehüllen als Basis zu verwenden. Auf dieser Annahme basiert die Ableitung der U- und g-Werte der einzelnen Bauteile aus der nachstehenden Tabelle. Das Baujahr bzw. das Jahr der letzten umfassenden Sanierung (Sanierungsjahr) sind aus der Datenbank bekannt.

*Tab. 3: Baustandard und Wärmedurchgangskoeffizienten [OIB-RL6]*

| Epoche / Gebäudetyp | KD | OD | AW | DF | FE | g | AT |
|---|---|---|---|---|---|---|---|
| vor 1900 EFH | 1,25 | 0,75 | 1,55 | 1,30 | 2,50 | 0,67 | 2,50 |
| vor 1900 MFH | 1,25 | 0,75 | 1,55 | 1,30 | 2,50 | 0,67 | 2,50 |
| ab 1900 EFH | 1,20 | 1,20 | 2,00 | 0,60 | 2,50 | 0,67 | 2,50 |
| ab 1900 MFH | 1,20 | 1,20 | 1,50 | 0,60 | 2,50 | 0,67 | 2,50 |
| ab 1945 EFH | 1,95 | 1,35 | 1,75 | 1,30 | 2,50 | 0,67 | 2,50 |
| ab 1945 MFH | 1,10 | 1,35 | 1,30 | 1,30 | 2,50 | 0,67 | 2,50 |
| ab 1960 EFH | 1,35 | 0,55 | 1,20 | 0,55 | 3,00 | 0,67 | 2,50 |
| ab 1960 MFH | 1,35 | 0,55 | 1,20 | 0,55 | 3,00 | 0,67 | 2,50 |
| Systembauweise | 1,10 | 1,05 | 1,15 | 0,45 | 2,50 | 0,67 | 2,50 |
| Montagebauweise | 0,85 | 1,00 | 0,70 | 0,45 | 3,00 | 0,67 | 2,50 |

Bei den angegebenen Werten handelt es sich grundsätzlich um Mittelwerte aus der Erfahrung und nicht um schlechtest denkbare Werte.

| | |
|---|---|
| Legende: | Systembauweise ... Bauweise basierend auf systemisierter Mauerwerksbauweise o.ä. |
| KD ... Kellerdecke | |
| OD ... Oberste Geschoßdecke | |
| AW ... Außenwand | Montagebauweise ... Bauweise basierend auf Fertigteilen aus Beton mit zwischenliegender Wärmedämmung |
| DF ... Dachfläche | |
| FE ... Fenster | |
| g ... Gesamtenergiedurchlassgrad | Für alle nicht erwähnten Bauteile wie z.B. Kniestockmauerwerk, Abseitenwände, Abseitendecken sind grundsätzlich die entsprechenden Werte für Außenbauteile zu verwenden. |
| AT ... Außentüren | |
| EFH ... Einfamilienhaus | |
| MFH ... Mehrfamilienhaus | |

Es ist mittlerweile seit mehreren Jahren durch gesetzliche Rahmenbedingungen oder Förderungsrichtlinien notwendig, bei Neubauten und Sanierungsmaßnahmen deren energetische Effizienz hinsichtlich ihrer thermischen Gebäudehülle durch einen Energieausweis nachzuweisen. Durch eine Einpflege dieser Daten kann eine Plausibilitätskontrolle der Abschätzung der Qualität der thermischen Gebäudehülle durchgeführt werden. Dabei wird berücksichtigt, ob im Rahmen der durchgeführten Plausibilitätskontrolle eine vom bisherigen Berechnungsergebnis abweichende Einschätzung der HWB-Klasse und konkrete Daten zu Dämmstärken und mittleren U-Werten verfügbar sind. Die Ableitung folgt der Logik des im Weiteren ebenso abgebildeten Flussdiagramms.

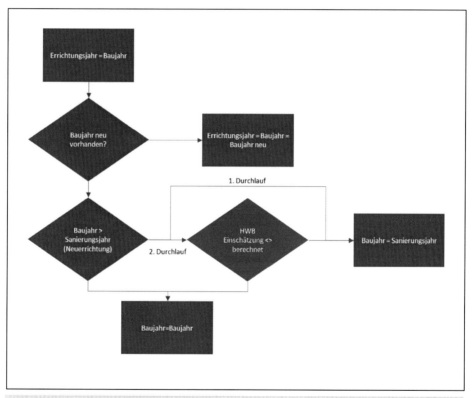

*Abb. 8: Flussdiagramm „Baujahrbestimmung"*

Es sind somit zwei Berechnungsdurchläufe erforderlich, da erst nach dem 1. Lauf eine berechnete HWB-Klasse vorliegt, die mit der im Rahmen der Plausibilitätskontrolle eingeschätzten HWB-Klasse verglichen werden kann für die ein zuvor exakt berechneter Energieausweis in der Datenbank vorliegt. Stehen in der Datenbank Informationen zu Dämmstärken einzelner Bauteile (UGD, OGD und AW) zur Verfügung, so erfolgt eine konkrete Berechnung der aktuellen U-Werte, bei welcher die U-Werte der Tabelle 3 (Baustandard) um jene der angegebenen Dämmung ergänzt werden. Stehen im Rahmen der Plausibilitätskontrolle keine Angaben zu Dämmstärken einzelner Bauteile zur Verfügung, erfolgt keine konkrete Berechnung und die U-Werte werden gemäß Flussdiagramm „Baujahrbestimmung" (Abbildung 8) der Tabelle 3 entnommen. Das System folgt dabei der Logik des nachstehenden Flussidagramms:

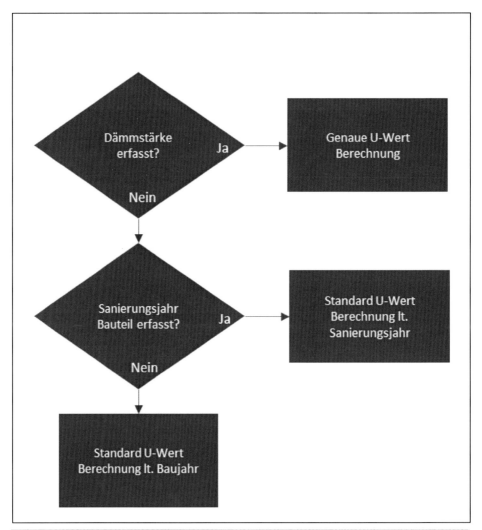

*Abb. 9: Flussdiagramm U-Wert-Berechnung Wände und Decken*

Analog zu den Überlegungen zu Wänden und Decken wird im Falle einer Plausibilitäts-kontrolle bei Fenstern vorgegangen. Steht ein mittlerer U-Wert der Fenster innerhalb der Datenbank zur Verfügung, dann wird dieser herangezogen. Sind in der Datenbank im Rahmen der Plausibilitätskontrolle keine Angaben zum mittleren U-Wert der Fenster vorhanden, so wird gemäß Flussdiagramm „Baujahrbestimmung" (Abbildung 9) der mittlere U-Wert der Tabelle 3 angenommen. Das System folgt dabei der Logik des nachstehenden Flussidagramms:

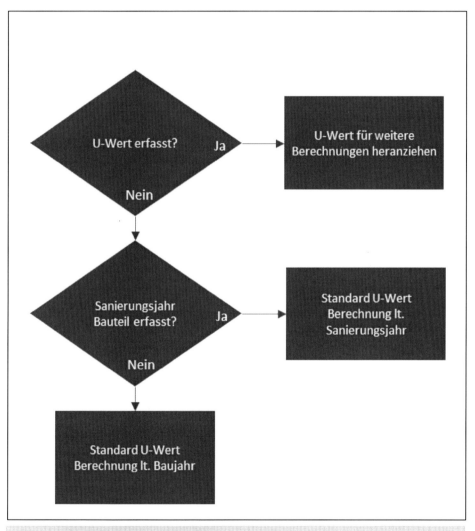

*Abb. 10: Flussdiagramm U-Wert-Berechnung Fenster*

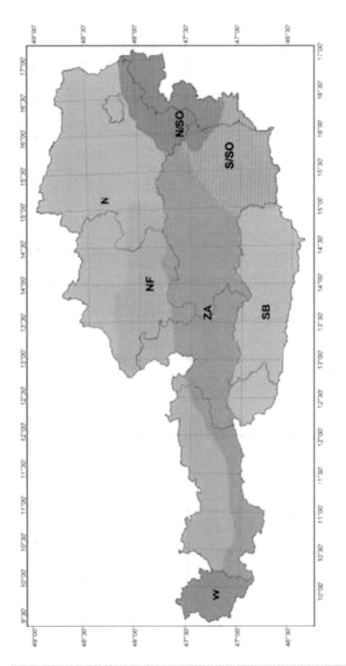

*Abb. 11: Die sieben Temperaturregionen Österreichs [ON8110-5]*

Zur Energieträgerverbrauchsprognose großer, heterogener Gebäudebestände

## 5.6 Nutzung – Nutzungsprofile

Nutzung umfasst im Wesentlichen die anwesende Personenanzahl, die im Mittel pro Tag im Gebäude anwesend ist, um die daraus resultierenden inneren Lasten zu berechnen. In der Regel wird in den bestehenden Normenwerken dieser resultierende Wärmeeintrag in Abhängigkeit von der Nutzung angegeben. Für ein großes Gebäudekonglomerat mit unterschiedlichsten Nutzungstypen und Nutzungsmischformen stellt das nicht den idealen Weg dar. Die OIB-Richtlinie 6 spricht von überwiegender Nutzung entsprechend den definierten Gebäudetypen für Nichtwohngebäude und für Wohngebäude. Es ist somit möglich, für Mischnutzungen einen Nutzungstyp anzunehmen. In diesem Berechnungsmodell wird die vorhandene Nettogrundrissfläche, wie bereits beschrieben, anhand der DIN 277-2 unterteilt. In der Bau- und Immobilienbranche, aber auch in entsprechenden Benchmarking Pools wird für die Definition der Nutzung überwiegend die Gliederung der Nettogrundfläche gemäß DIN 277-2 mit ihren neun Nutzungsgruppen herangezogen.

**Anzahl der Personen pro Gebäude und durchschnittliche Anwesenheit**

Ausgehend von der Unterteilung der Nettogrundrissfläche in Nutzungsgruppen muss anhand von Referenzgebäuden innerhalb des Immobilienportfolios bestimmt werden, wie viele Personen sich im Mittel am Tag in welcher Nutzungsgruppe aufhalten, um den notwendigen Input für das Berechnungsmodell zu liefern. Um auf die benötigte resultierende, eingetragene Wärmemenge zu schließen, ist neben der Ermittlung der Anzahl auch die durchschnittliche Verweildauer der Personen innerhalb einer Nutzungsgruppe erforderlich. Abschließend kann aus diesen beiden Ergebnissen die mittlere anwesende Personenanzahl pro Tag und somit deren eingetragenen Wärmemenge berechnet werden.

## 5.7 Außenklima

Die mittlere Außentemperatur im jeweiligen Monat (Monatsmitteltemperatur} wird hauptsächlich von der Seehöhe bestimmt. Gemäß der Klimatopographie Österreichs wird das Bundesgebiet in sieben unterschiedliche Regionen mit entsprechendem mittlerem vertikalem Temperaturgradienten eingeteilt (gemäß Bild), weil regionale Unterschiede zwischen dem eher maritim beeinflussten Westen und dem kontinentalen Osten des Landes, nördlich des Alpenhauptkammes zwischen Föhngebieten und solchen ohne Föhneinfluss, durch alpine Zentrallage, durch die großen Beckenlandschaften im Süden und durch die Hügellandschaften am Alpenostrand bestehen [ON8110-5]. Laut ÖNORM B 8110-5 werden nachfolgende Klimaregionen unterschieden:

*Tab. 4: Klimaregionen*

| Klimaregion | Bezeichnung |
|---|---|
| Nord | N |
| Nord-Südost | N/SO |
| Südliche Beckenlage | SB |
| Süd-Südost | S/SO |
| Nord in Föhnlage | NF |
| West | W |
| Zentral Alpin | ZA |

Die Zuordnung des Gebäudes zu den einzelnen Klimaregionen erfolgt über die Nummer der Katastralgemeinde. Aus der maximalen und der minimalen Seehöhe wird ein Mittelwert gebildet, sofern die Zuordnung des Objektes nur über die Katastralgemeinde erfolgt und keine gesonderten Eingabedaten in den Datenbanken für die konkrete Seehöhe vorliegen.

## 5.8 Innenklima

Um die Energieverluste über die thermische Gebäudehülle berechnen zu können, ist es notwendig, die mittlere Temperaturdifferenz zwischen dem Klima in konditionierten Bereichen und dem Außenklima über das Monat zu kennen. Da die Innenraumlufttemperatur von der Nutzung des Gebäudes und den Komfortansprüchen des Nutzers bestimmt ist und dieser in der Regel unbekannt sind, benötigt es eine Abschätzung der Innenraumtemperatur aus gegebenen Parametern. Im vorliegendem Model wird diese Innenraumtemperatur von der Heizlast abgeschätzt, da angenommen werden kann, dass Gebäude mit einer hohen Heizlast aus Effizienzgründen auf niedrigere Innenraumtemperaturniveaus geheizt werden als solche, die eine niedrige Heizlast und somit eine gute thermische Hüllenqualität aufweisen und somit auch hohen Komfortansprüchen genügen müssen. Der erste Berechnungsschritt des Modells zur Bestimmung der mittleren Innenraumlufttemperatur ist somit die Bestimmung der Heizlast. Hat das Gebäude keine konditionierte BGF, so beträgt die Heizlast Null. Bei einer Heizlast von mehr als 45 W/m² wird für Wohn- und Büroflächen eine mittlere Raumtemperatur von 15°C und bei einer Heizlast von weniger als 10 W/m² eine mittlere Raumtemperatur von 21°C angenommen. Dazwischen liegende Werte werden interpoliert.

# 6 Überblick über ein Berechnungsmodell am Beispiel der Entwicklung in Kooperation mit dem BMLVS

## 6.1 Überblick

Der **Energieverbrauch** eines Gebäudes wird vor allem durch nachstehende sechs Faktoren beeinflusst:

- Klima und Standort,
- Gebäudehülle,
- Gebäude- und Energiesysteme,
- Gebäudebetrieb und –instandhaltung,
- Nutzertätigkeiten und –verhalten sowie
- angestrebte Innenraumluftqualität.

Während die drei erstgenannten Indikatoren das Gebäude und den Standort betreffen und im bedarfsbezogenen EAW abgebildet sind, beziehen sich die drei letztgenannten Indikatoren auf das individuelle menschliche Verhalten.

Das **Rechenmodell** des BMLVS wird in nachstehende drei Bereiche unterteilt. Im Modell werden also folgende drei **Sichtweisen** des Energielagebildes abgebildet:

- bedarfsorientiert,
- verbrauchsorientiert und
- einkaufsorientiert.

Die **bedarfsorientierten Indikatoren** werden primär durch den Standort (Klima etc.), die Immobilie (Gebäudeform, Gebäudequalität, Gebäudehülle, Flächeneffizienz etc.) und die Energiesysteme (Art, Umfang, Qualität und Effizienz der Haustechnik etc.) determiniert.

Die **verbrauchsorientierten Indikatoren** werden durch den Systembetrieb (Anpassung Nutzerbedarf, laufende Wartung, Instandhaltung etc.), die Nutzungseffizienz (Flächenverbrauch, Nutzungsstunden etc.) und das Nutzungsverhalten (Raumklima, energieeffizientes Verhalten des Nutzers etc.) bestimmt.

Die **einkaufsorientierten Indikatoren** werden primär durch die Einkaufspreise (€/kWh, €/Basisverbrauch, €/Spitzenverbrauch etc.) die Einkaufsflexibilität (Vertragslaufzeit, Anpassung Basis- und Spitzenverbrauch etc.) determiniert.
Zur Ermittlung von Steuerungskennzahlen über den Energiebedarf, den Energieverbrauch und den Energieeinkauf wird ein **Energiebilanzverfahren** mit dynamischen

(reale Kennwerte) und statischen Indikatoren (normierte Kennwerte) verwendet, wobei in der Entwicklungsphase des Modells die Ergebnisse anhand von Echtdaten aus Messungen validiert wurden.

Da abhängig von der Zielsetzung für die Ermittlung des Energiebedarfs eher statische Indikatoren und für die Ermittlung des Energieverbrauchs eher dynamische Indikatoren benötigt werden, wurden im Berechnungsmodell beide Indikatorgruppen abgebildet.

Generalisiert lässt sich das Berechnungsmodell wie folgt darstellen:

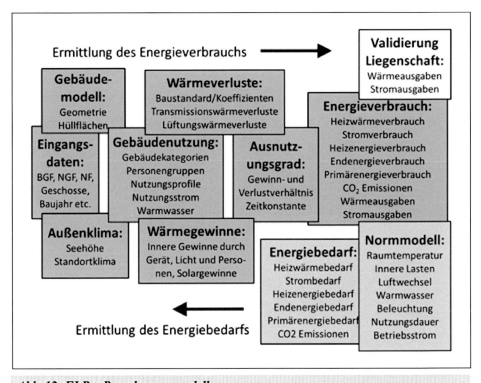

*Abb. 12: ELB – Berechnungsmodell*

Im Modell wird der Energieverbrauch zuerst berechnet, auf der Ebene der Liegenschaften erfolgt auf Basis der tatsächlichen Ausgaben die **Validierung** und ausgehend vom Verbrauch werden die faktischen Parameter durch normative Parameter ersetzt und so ein Energiebedarf ermittelt.

Während bei Neubauten und umfassenden Sanierungen im Sinne des Berechnungsleitfadens zur OIB-Richtlinie 6 ein detaillierter **Energieausweis** (EAW) auszustellen ist,

ist bei Bestandsgebäuden vorgesehen, dass ein vereinfachtes Verfahren zur Berechnung der EAW angewendet werden kann.

Im Rahmen des ELB werden die wichtigsten Informationen der Immobiliendatenbank (IDB) und des Bauinformationssystems (BI) um zentrale bauphysikalische und Anlagendaten ergänzt und zu einem vereinfachtem Energieausweis (vEAW) aggregiert und dokumentiert – also quasi „auf Knopfdruck" mit einem wesentlich reduzierten Aufwand an Zeit und Kosten gegenüber der „herkömmlichen" Methode.

Vor Implementierung der vereinfachten EAW-Berechnung via ELB wurden die Zwischenergebnisse durch Fachleute bei den Militärischen Servicezentren (MSZ) auf Plausibilität geprüft, um vor Ort einerseits die Qualität der Eingangsdaten und andererseits die Berechnungsergebnisse evaluieren und ggf. nachjustieren zu können.

## 6.2   Eingangsdaten

Bei der Bereitstellung der Eingangsdaten wird insbesondere auf nachstehende IT-Services und Quellen zurückgegriffen:

- **Immobiliendaten**:   Immobiliendatenbank (IDB)
- **Nutzungsdaten**:   Personalinformationssystem (PERSIS)
- **Klimadaten**:   Zentralanstalt für Meteorologie und Geodynamik (ZAMG)
- **Ausgabendaten**:   Bauinformationssystem (BI), Haushaltsverrechnung (HV-SAP)
- **Energiedaten**:   Energieverbrauchserfassung (IDB-EM),
    Meter Data Management (MDM),
    Auswertungen der Bundesbeschaffungsgesellschaft (BBG)

Die Berechnung des ELB basierte im ersten Ansatz ausschließlich auf Daten, die in bestehenden IT-Services verfügbar sind.

Zur Entwicklung und Anpassung des ELB sowie nach Evaluierung des Modells fanden detaillierte Datenerhebungen bei mehreren Pilotobjekten auf verschiedenen Testliegenschaften statt und waren zusätzliche Daten zu erfassen und zu berücksichtigen.

Konkret werden dem Modell nachstehende Daten **auf Objektebene** zugrunde gelegt:

Immobiliendaten
- Bundesland (Text)
- Liegenschaftskennung (Text)
- Kurzbezeichnung (Text)
- Postleitzahl (Zahl)
- Ort (Text)
- Straße (Text)
- Objektnummer (Zahl)
- Objektbezeichnung (Text)
- Katastralgemeinde (Text)
- Katastralgemeindenummer (Zahl)

- NGF pro Gebäude (Zahl [m²])
- beheizte NGF pro Gebäude (Zahl [m²])
- Geschoße gesamt (Zahl)
- Anzahl beheizte Geschoße (Zahl/0)
- DIN 277 NF 1 (Wohnen) gesamt (Zahl [m²])[1]
- DIN 277 NF 2 (Büro) gesamt (Zahl [m²])
- DIN 277 NF 3 (Produktion) gesamt (Zahl [m²])
- DIN 277 NF 4 (Lager) gesamt (Zahl [m²])
- DIN 277 NF 5 (Bildung) gesamt (Zahl [m²])
- DIN 277 NF 6 (Heilen) gesamt (Zahl [m²])
- DIN 277 NF 7 (Sonstige) gesamt (Zahl [m²])
- DIN 277 TF 8 (Betriebsanlagen) gesamt (Zahl [m²])
- DIN 277 VF 9 (Verkehrsfläche) gesamt (Zahl [m²])
- Ungewidmete gesamt (Zahl [m²])
- DIN 277 NF 1 (Wohnen) beheizt (Zahl [m²])
- DIN 277 NF 2 (Büro) beheizt (Zahl [m²])
- DIN 277 NF 3 (Produktion) beheizt (Zahl [m²])
- DIN 277 NF 4 (Lager) beheizt (Zahl [m²])
- DIN 277 NF 5 (Bildung) beheizt (Zahl [m²])
- DIN 277 NF 6 (Heilen) beheizt (Zahl [m²])
- DIN 277 NF 7 (Sonstige) beheizt (Zahl [m²])
- DIN 277 TF 8 (Betriebsanlagen) beheizt (Zahl [m²])
- DIN 277 VF 9 (Verkehrsfläche) beheizt (Zahl [m²])
- Ungewidmet beheizt (Zahl [m²])
- BGF (Zahl [m²])
- BRI (Zahl [m³])
- NRI (Zahl [m³])
- KRI (Zahl [m³])
- NRI beheizt (Zahl [m³])
- durchschnittliche Raumhöhe (Zahl [m])
- Baujahr (Zahl/0)
- Jahr der letzten großen Sanierung (Zahl/0)
- Baugüte (Text)
- Bauweise (Text)
- Heizungsart (Text) – alt; ergänzt bzw. hinkünftig zu ersetzen durch:
- überwiegende Beheizungsart (Text) – neu[2]
- Kesselbaujahr – neu[2]
- Anzahl Räume (Zahl)
- Objekt Nutzung 1 Stufe Bezeichnung (Text)
- Einlagezahl (Zahl)
- Grundstücknummer (Zahl)
- Anzahl Untergeschoße (Zahl/0)

---

[1]  Die Sanitätsfläche (SF) gemäß ÖNORM B 1800:2011 ist in der IDB noch nicht umgesetzt und ist daher in den anderen Nutzflächentypen integriert.

[2]  Mit „neu" sind jene Datenfelder gekennzeichnet, welche nachträglich erhoben wurden.

- Anzahl beheizte Untergeschoße (Zahl/0)
- unterste Geschoßdecke (UGD), (%-Anteil) Bodenplatte (Zahl/0) – neu[3]
- UGD, (%-Anteil) Keller beheizt (Zahl/0) – neu[3]
- UGD, (%-Anteil) Keller unbeheizt (Zahl/0) – neu[3]
- Dachgeschoß (1/0)
- beheizte Dachgeschoße (1/0)
- oberste Geschoßdecke (OGD), (%-Anteil) Flachdach (Zahl/0) – neu[3]
- OGD, (%-Anteil) Dachraum belüftet (Zahl/0) – neu[3]
- OGD, (%-Anteil) Dachraum beheizt (Zahl/0) – neu[3]
- Objektkategorie (Text)
- Rechtsart (Text)
- Eigentümer (Text)
- Superädifikat (1/0)
- NGF zu klein (1/0)
- Keine Heizung (1/0)
- Superädifikat ausscheiden (1/0)
- keine beheizte Fläche (1/0)
- sanierte UGD, Dämmstärke gesamt (Zahl [cm]/0) – neu[3]
- sanierte UGD, Sanierungsjahr (Zahl/0) – neu[3]
- sanierte Außenwand (AW), Dämmstärke gesamt (Zahl [cm]/0) – neu[3]
- sanierte AW, Sanierungsjahr (Zahl/0) – neu[3]
- sanierte OGD, Dämmstärke gesamt (Zahl [cm]/0) – neu[3]
- sanierte OGD, Sanierungsjahr (Zahl/0) – neu[3]
- sanierte Fenster, mittlerer U-Wert (Zahl/0) – neu[3]
- sanierte Fenster, Sanierungsjahr (Zahl/0) – neu[3]

**Auf Liegenschaftsebene** wurde stichtagsbezogen 2010 und 2011 erhoben und dies dem Modell zugrunde gelegt:

Nutzungsdaten
- Personal (ohne Grundwehrdiener (GWD)), Anzahl (Zahl/0)
- Grundwehrdiener (GWD), Anzahl (Zahl/0)
- Leerstehung 2011 (Text) – neu[3]

Nachstehende Daten wurden vorwiegend **auf Liegenschaftsebene,** aber **zum Teil** auch **auf Objektebene** – soweit vorhanden – erhoben:

Ausgaben- und Energiedaten:
- Ausgaben Fernwärme 2010 und 2011 (Zahl/0)
- Ausgaben Flüssiggas 2010 und 2011 (Zahl/0)
- Ausgaben Öl 2010 und 2011 (Zahl/0)
- Ausgaben Sonstige 2010 (Zahl/0)
- Ausgaben Braunkohlenbriketts 2011 (Zahl/0)

---

[3]     Mit „neu" sind jene Datenfelder gekennzeichnet, welche nachträglich erhoben wurden.

- Ausgaben Naturgas 2011 (Zahl/0)
- Ausgaben Strom 2010 und 2011 (Zahl/0)
- Verbrauch Fernwärme 2010 und 2011 (Zahl/0)
- Verbrauch Gas 2010 (Zahl/0)
- Verbrauch Öl 2010 (Zahl/0)
- Verbrauch Strom 2011 (Zahl/0)
- Preis (gemittelte €/kWh) Strom (Zahl [€/kWh]/0)
- Preis (gemittelte €/kWh) Fernwärme (Zahl [€/kWh]/0)
- Preis (gemittelte €/kWh) Naturgas (Zahl [€/kWh]/0)
- Preis (gemittelte €/kWh) Heizöl extraleicht (Zahl [€/kWh]/0)
- Preis (gemittelte €/kWh) Heizöl leicht (Zahl [€/kWh]/0)

## 6.3  Objektkategorien und Gliederung der NGF

Die Kategorisierung der Objekte erfolgte im Vorfeld und nicht im Berechnungsmodell. In den Eingangsdaten wurden nachstehende Objektkategorien unterschieden:

- Kanzleigebäude (KzlGeb),
- Mannschaftsunterkunftsgebäude (MUK),
- Küchengebäude (KüGeb),
- Lagergebäude (LgGeb) und
- sonstige Gebäude (SonstGeb).

Die vorwiegenden Nutzergruppen sind für fast alle Räume in der IDB erfasst und nach beheizten und unbeheizten Räumen untergliedert. Diese Strukturierung wird daher im Modell als Bezugsfläche herangezogen.

## 6.4  Vorgangsweise und Berechnungsschritte

Es werden zwei Varianten unterschieden:

- Verbrauchsvariante sowie
- Bedarfsvariante.

Zur Erstellung von Prognosen wird in der Verbrauchsvariante der theoretische Energieverbrauch berechnet – u.a. zwecks Überlegung von Sanierungsszenarien. Der prognostizierte Verbrauch stellt somit einen Berechnungswert dar, der auf den von der Norm abweichenden, auf das Objekt individualisierten Parametern beruht.

Durch Ersatz der faktischen Verbrauchsparameter durch Normwerte errechnet sich in der Bedarfsvariante der Energiebedarf, und es können im Rahmen des Prognosemodells vereinfachte Energieausweise erstellt werden.

### 6.4.1 Konversionsfaktoren

Für spätere Berechnungen des Primärenergiebedarfs und der Kohlendioxidemissionen werden nachstehende Konversionsfaktoren benötigt:

*Tab. 5: Konversionsfaktoren*

| Energieträger | $f_{PE}$ [-] | $f_{PE,n.ern.}$ [-] | $f_{CO_2}$ [g/kWh] |
|---|---|---|---|
| Heizöl | 1,23 | 1,23 | 311 |
| Erdgas | 1,17 | 1,17 | 236 |
| Biomasse | 1,08 | 0,06 | 4 |
| Strom (Österreich Mix) | 2,62 | 2,15 | 417 |
| Fernwärme aus Heizwerk (erneuerbar) | 1,60 | 0,28 | 51 |
| Fernwärme aus hocheffizienter KWK1 (Defaultwert) | 0,92 | 0,20 | 73 |

### 6.4.2 Aufsummierung der Nutzflächen der Liegenschaft

Um in späteren Berechnungen die Personen auf der Liegenschaft den einzelnen Objekten zuordnen zu können, werden die Flächen gem. DIN 277 (NF1 bis 9) der einzelnen Objekte für die gesamte Liegenschaft aufsummiert.

### 6.4.3 Ausscheiden von Objekten

Für die Berechnung vereinfachter Energieausweise (vEAW) werden nur Objekte herangezogen, deren beheizte Nettogrundfläche (NGF) eine bestimmte Größe übersteigt und die keine Anmietungen des BMLVS sind (also im Fremdeigentum stehen). Ebenso werden keine Superädifikate berücksichtigt, bei denen das BMLVS Grundeigentümer ist (Fremde bauen auf dem Grund des BMLVS). Sonderbauten der Landesverteidigung sind ebenso von den Berechnungen ausgenommen und scheinen bei den Eingangsdaten nicht auf. Alle übrigen Objekte in der Datenbank werden im Rahmen der Berechnungsdurchläufe für die Bedarfs- und Verbrauchsberechnung berücksichtigt.

### 6.4.4  Gebäudegeometrie

Da eine exakte Ermittlung der Gebäudegeometrie den notwendigen Erhebungsaufwand stark vergrößern und eine Berechnung verkomplizieren würde, beschreibt dieses Kapitel die Ermittlung eines vereinfachten Gebäudemodells auf Basis der verfügbaren Eingangsdaten.

#### 6.4.4.1  Relation BGF zu NGF

Die Relation zwischen BGF und NGF ergibt sich aus den Eingangsdaten, wobei das Verhältnis jedoch, um fehlerhafte Eingaben in der Datenbank auszuschließen, laut Festlegung höchstens 1,2 betragen darf.

#### 6.4.4.2  Beheizte NGF

Die Summe der beheizten NGF ist in den Eingangsdaten abgebildet.

#### 6.4.4.3  Konditionierte BGF

In der IDB sind ausschließlich Räume mit Abgabesystemen als beheizte Räume erfasst. Räume, die indirekt beheizt werden (z.B. Gänge), werden als unbeheizte Räume geführt. Um die (mit-)konditionierte BGF zu ermitteln, wird die Summe der beheizten NGF um den nachstehend angeführten Prozentsatz je Objektkategorie gemäß dem jeweiligen Mittelwert der Referenzobjekte erhöht und mit dem Verhältnis BGF zu NGF multipliziert. Maximal wird die gesamte BGF *(BGF)* pro Gebäude zugrundegelegt.

*Tab. 6: Zuschlag konditionierte Fläche*

| Objektkategorie gemäß Referenzobjekten | Zuschlag beheizte zu konditionierter Fläche |
|---|---|
| Kanzleigebäude | 9 % |
| Mannschaftsunterkunft | 12 % |
| Lagergebäude | 11 % |
| Küchengebäude | 20 % |
| Sonstige Gebäude | 13 % |

#### 6.4.4.4 konditionierte NGF

Die (mit-)konditionierte NGF ergibt sich aus dem Quotienten von (mit-)konditionierter BGF und der Relation BGF zu NGF.

#### 6.4.4.5 Anzahl der beheizten (konditionierten) Geschoße

In den Eingangsdaten werden die Gesamtanzahl der beheizten Geschoße und die Anzahl der beheizten Kellergeschoße ausgewiesen. Weiters ist ersichtlich, ob ein beheiztes Dachgeschoß vorhanden ist.

Die Anzahl der beheizten Regelgeschoße , das sind – abgesehen vom beheizten Dachgeschoß – die über Terrain liegenden beheizten Geschoße, ermittelt sich aus der Gesamtanzahl der beheizten Geschoße abzüglich der beheizten Kellergeschoße und eines beheizten Dachgeschoßes, sofern solche vorhanden sind. Als Minimum wird ein beheiztes Regelgeschoß angenommen.

#### 6.4.4.6 Konditionierte Bruttogrundfläche

Die konditionierte Bruttogrundfläche einer Geschoßebene wird durch Division der konditionierten BGF durch die Gesamtanzahl der beheizten Geschoße ermittelt.

#### 6.4.4.7 Beheizte (konditionierte) Geschoßhöhen

Die durchschnittliche (Netto-) Raumhöhe ist in den Eingangsdaten verfügbar. Diese wird durch das Produkt der Verhältnisse NRI/BRI und BGF/NGF dividiert, welches das Verhältnis von (Brutto-) Geschoßhöhe zur (Netto-) Raumhöhe wiedergibt.

#### 6.4.4.8 Außenbreite und Außenlänge des konditionierten Gebäudemodells

Falls die konditionierte Bruttogrundfläche einer Geschoßfläche weniger als 225 m² beträgt, errechnet sich die Außenbreite aus der Wurzel dieser konditionierten Bruttogrundfläche und die Außenlänge wird der Außenbreite gleichgesetzt (= Quadrat).

Wenn jedoch die konditionierte Bruttogrundfläche einer Geschoßfläche mehr als 225 m² beträgt, so wird die Außenbreite mit 15 m angenommen. Die Außenlänge wird dann durch Division der konditionierten Bruttogrundfläche einer Geschoßfläche durch die angenommene Außenbreite von 15 m ermittelt.

#### 6.4.4.9 Gesamthöhen für Keller, Regelgeschoße und Dachgeschoß

Die ermittelte durchschnittliche (Brutto-) Geschoßhöhe wird mit der aus den Eingangsdaten bekannten Anzahl der beheizten Kellergeschoße bzw. der Anzahl der beheizten Dachgeschoße multipliziert, wodurch sich die (Brutto-) Gesamthöhe der beheizten Kellergeschoße bzw. der beheizten Dachgeschoße ergibt. Durch Multiplikation der durchschnittlichen (Brutto-) Geschoßhöhe mit der Anzahl der beheizten Regelgeschoße ergibt sich deren Gesamthöhe.

### 6.4.5 Gebäudehülle

Auf Basis der Eingangsdaten und der im vorigen Kapitel beschriebenen Gebäudegeometrie wird die Gebäudehüllfläche wie in den folgenden Kapitelabschnitten ermittelt.

#### 6.4.5.1 Außenfassade

Die Fläche der Außenfassade wird durch Multiplikation des Umfanges (Summe von doppelter Außenbreite und doppelter Außenlänge) und der Gesamthöhe aller beheizten Regelgeschoße ermittelt. Bei Gebäuden mit beheiztem Dachgeschoß wird die Außenbreite des Gebäudes mal der doppelten (Brutto-) Geschoßhöhe des beheizten Dachgeschoßes hinzuaddiert. Diese Annäherung wird gewählt, weil die beiden Stirnseiten des Gebäudes als Rechtecke berücksichtigt werden, da auch davon auszugehen ist, dass in der Längsrichtung ein Kniestockmauerwerk vorhanden ist.

#### 6.4.5.2 Fensterflächen

Der Fensterflächenanteil wird in Abhängigkeit vom Objekttyp gemäß dem jeweiligen Mittelwert der Referenzobjekte und nachstehender Tabelle angenommen.

*Tab. 7: Fensterflächenanteil*

| *Objektkategorie gemäß Referenzobjekten* | *Fensterflächenanteil* |
|---|---|
| Kanzleigebäude | 18 % |
| Mannschaftsunterkunft | 20 % |
| Lagergebäude | 33 % |
| Küchengebäude | 20 % |
| Sonstige Gebäude | 25 % |

Für die Validierung des Modells wird der Fensterflächenanteil mit 10 % angenommen.

### 6.4.5.3 Außenwandfläche

Die Fläche der Außenwand entspricht der Fläche der Außenfassade, vermindert um die Fensterfläche, welche durch den entsprechenden Fensterflächenanteil ermittelt wird.

### 6.4.5.4 Oberste Geschoßdecke (OGD) – Dachfläche (DF)

Ist kein beheiztes Dachgeschoß vorhanden (die Höhe des beheizten Dachgeschoßes entspricht 0 m), dann wird davon ausgegangen, dass kein ausgebautes Dach, sondern ein Flachdach vorliegt.

Die Fläche der OGD wird durch Multiplikation der Außenlänge und der Außenbreite ermittelt.

Ist ein unbeheiztes Dachgeschoß (belüfteter Dachraum) vorhanden, dann wird ebenso die Fläche der OGD zugrunde gelegt, da auch in diesem Fall in der Berechnung die Höhe des beheizten Dachgeschoßes mit „0" gleichgesetzt ist.

Die Fläche der OGD wird wieder durch Multiplikation der Außenlänge und der Außenbreite ermittelt.

In allen übrigen Fällen (die Höhe des beheizten Dachgeschoßes ungleich „0") wird davon ausgegangen, dass ein beheiztes Dachgeschoß vorliegt.

Die Dachfläche wird durch Multiplikation der doppelten Außenlänge und der schrägen Dachlänge ermittelt. Die schräge Dachlänge eines ausgebauten Daches wird aus der Wurzel der halben Außenbreite des Gebäudes zum Quadrat und der (Brutto-) Geschoßhöhe des beheizten Dachgeschoßes zum Quadrat ermittelt.

### 6.4.5.5 Unterste Geschoßdecke (UGD)

Die Fläche der untersten Geschoßdecke wird durch Multiplikation der Außenlänge und der Außenbreite errechnet.

### 6.4.5.6 Keller-Außenwandfläche (KAW) – Dachfläche (DF)

Die Kelleraußenwand wird durch Multiplikation des Umfanges (Summe von doppelter Außenbreite und doppelter Außenlänge) und der Gesamthöhe aller beheizten Kellergeschoße ermittelt.

### 6.4.6    Baustandard und Wärmedurchgangskoeffizient

Grundlage für die Ableitung der U- und g-Werte der einzelnen Bauteile aus der nachstehenden Tabelle sind das aus den Eingangsdaten bekannte Baujahr bzw. dessen Korrektur bzw. das Jahr der letzten großen Sanierung.

Dabei wird berücksichtigt, ob im Rahmen der durchgeführten Plausibilitätskontrolle in den Feedbackfragebögen eine vom bisherigen Berechnungsergebnis abweichende Einschätzung der HWB-Klasse und konkrete Daten zu Dämmstärken und mittleren U-Werten angegeben wurden.

Die Ableitung folgt der Logik des im Weiteren ebenso abgebildeten Flussdiagramms.

**Tab. 8: Baustandard und Wärmedurchgangskoeffizienten**

| Baujahr/ Sanierung | | U-Wert W/m²K | | | | | | g-Wert | n50 |
|---|---|---|---|---|---|---|---|---|---|
| von | bis | UGD | OGD | AW | KAW | DF | FE | FE | |
| 0 | 1900 | 1,25 | 0,75 | 1,30 | 1,55 | 1,00 | 2,50 | 0,67 | 8,00 |
| 1901 | 1945 | 1,20 | 0,75 | 1,30 | 1,50 | 1,00 | 2,50 | 0,67 | 8,00 |
| 1946 | 1976 | 1,10 | 0,75 | 1,30 | 1,30 | 1,00 | 2,50 | 0,67 | 8,00 |
| 1977 | 1990 | 0,70 | 0,55 | 0,70 | 0,80 | 0,55 | 3,00 | 0,67 | 3,00 |
| 1991 | 1997 | 0,45 | 0,30 | 0,40 | 0,50 | 0,30 | 1,60 | 0,62 | 1,00 |
| 1998 | 2007 | 0,45 | 0,279 | 0,40 | 0,50 | 0,279 | 1,60 | 0,62 | 1,00 |
| 2008 | 2012 | 0,45 | 0,25 | 0,40 | 0,50 | 0,25 | 1,60 | 0,62 | 1,00 |

Es sind zwei Berechnungsdurchläufe erforderlich, da erst nach dem ersten Lauf eine berechnete HWB-Klasse vorliegt, die mit der im Rahmen der Plausibilitätskontrolle eingeschätzten HWB-Klasse verglichen werden kann (für jene Objekte, für welche eine Einschätzung erfolgte).

Der „not done factor" wird gesetzt, um nach einem zweiten Durchlauf weitere Berechnungsdurchläufe zu verhindern, falls die eingeschätzte und die berechnete HWB-Klasse noch nicht übereinstimmen. Das Berechnungsmodell kontrolliert sich somit selbst anhand von bereits vorab berechneten exakten Energieausweisen.

Wurden in den Feedbackfragebögen der Plausibilitätskontrolle Dämmstärken einzelner Bauteile (UGD, OGD und AW) angegeben, erfolgt eine konkrete Berechnung der aktuellen U-Werte, bei welcher die U-Werte der Tabelle 3 (Baustandard) um jene der angegebenen Dämmung ergänzt werden.

Wurden in den Feedbackfragebögen der Plausibilitätskontrolle keine Angaben zu Dämmstärken einzelner Bauteile gemacht, dann erfolgt keine konkrete Berechnung und die U-Werte werden gemäß Flussdiagramm „Baujahrbestimmung" ermittelt.

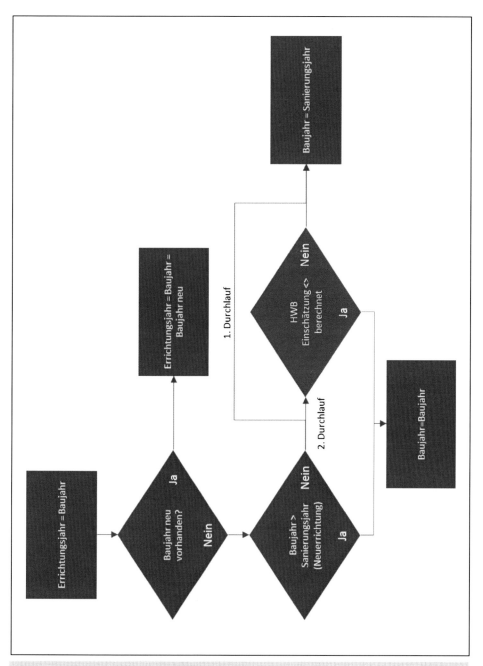

*Abb. 13: Flussdiagramm „Baujahrbestimmung"*

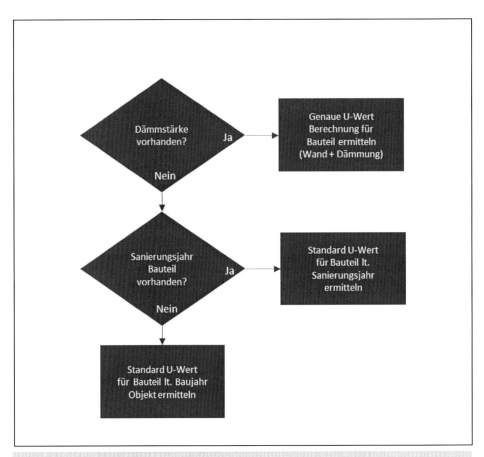

*Abb. 14: Flussdiagramm U-Wert-Berechnung Wände und Decken"*

Analog erfolgt die Plausibilitätskontrolle des angenommen U-Werts der Fenster. Wurde in den Feedbackfragebögen der Plausibilitätskontrolle ein mittlerer U-Wert der Fenster angegeben, so wird dieser herangezogen.

Wurden in den Feedbackfragebögen der Plausibilitätskontrolle keine Angaben zum mittleren U-Wert der Fenster gemacht, wird gemäß Flussdiagramm „Baujahrbestimmung" der mittlere U-Wert der angeführten Tabelle angenommen.

Das System folgt dabei der Logik des nachstehenden Flussidagramms:

Zur Energieträgerverbrauchsprognose großer, heterogener Gebäudebestände

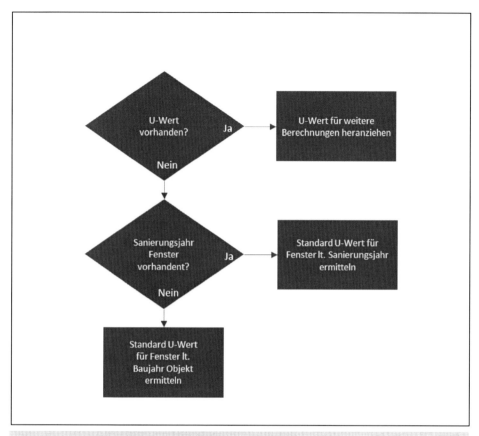

*Abb. 15: Flussdiagramm U-Wert-Berechnung Fenster*

## 6.4.7    Konditioniertes Bruttovolumen

Das konditionierte Bruttovolumen des Gebäudemodells errechnet sich aus dem Produkt von Außenlänge, Außenbreite und der Gesamthöhe aller Regelgeschoße und des Kellers vermehrt um das Produkt von Außenlänge, Außenbreite und der halben Höhe eines evtl. vorhandenen, beheizten Dachgeschoßes.

## 6.4.8    Raumlufttechnik (RLT)

Bei Küchengebäuden wird davon ausgegangen, dass eine Lüftungsanlage existiert. Eine Berechnung der dadurch entstehenden Lüftungsverluste und Energieverbräuche erfolgt in einem späteren Berechnungsschritt.

### 6.4.9 Gebäudehüllfäche (GHF)

Die Gebäudehüllfläche errechnet sich aus der Summe nachstehender Flächen der thermischen Hülle: Außenwand, Fenster, unterste Geschoßdecke, Kelleraußenwand (falls vorhanden), Dach oder oberste Geschoßdecke (je nach Vorhandensein).

### 6.4.10 Charakteristische Länge

Die charakteristische Länge errechnet sich aus dem Quotienten aus Gebäudehüllfläche und konditioniertem Bruttovolumen.

### 6.4.11 Nutzung – Nutzungsprofile

Im Personalinformationssystem (PERSIS) sind die Anzahl der Beschäftigten des BMLVS (Mitarbeiter) sowie die Anzahl der Grundwehrdiener (GWD) je Liegenschaft gespeichert.

Die OIB Richtlinie 6 spricht von überwiegender Nutzung entsprechend den definierten Gebäudetypen für Nichtwohngebäude und für Wohngebäude. In der Bau- und Immobilienbranche, aber auch in entsprechenden Benchmarking Pools wird für die Definition der Nutzung überwiegend die Gliederung der Nettogrundfläche gemäß DIN 277-2 mit ihren neun Nutzungsgruppen herangezogen. Die nach dieser Logik strukturierte Datenbasis dient zur weiteren Ermittlung und Gliederung der NGF und der Nutzungsprofile.

Während die Arbeitsplätze der Mitarbeiter primär dem Nutzflächentyp NF2 – Büroarbeit zuzuordnen sind, sind die Unterkünfte der GWD vorrangig dem Nutzflächentyp NF1 – Wohnen und Aufenthalt zuzurechnen.

#### 6.4.11.1 Anzahl Personen pro Gebäude

Zur Ermittlung der Personenanzahl pro Gebäude und der Nutzungsprofile werden im ersten Schritt alle Bediensteten des Ressorts, die anzahlmäßig in den Eingangsdaten nur auf Liegenschaftsebene verfügbar sind, gemäß nachstehend gewähltem Schlüssel nach Flächenkategorien auf Objekte in der jeweiligen Liegenschaft verteilt.

In einer vereinfachten Vorgangsweise wird davon ausgegangen, dass 38/40 aller Grundwehrdiener (GWD) die NF1-Flächen (Wohnen) und 38/40 aller Mitarbeiter die NF2-Flächen (Büro) nützen.

Da für die NF3-Flächen (Produktion) und NF6-Flächen (Heilen) je 1/40 der GWD und Mitarbeiter berücksichtigt werden, sind zur Ermittlung der Anzahl der GWD und Mitarbeiter in Mannschaftsunterkünften (NF1) und Kanzleigebäuden (NF2) nur jeweils 38/40 der jeweiligen Anzahl zu berücksichtigen.

**Ermittlung Mitarbeiter- und GWD-Anzahl pro Gebäude**

Zur Ermittlung der GWD-Anzahl auf NF1-Flächen pro Gebäude wird die GWD-Anzahl pro Liegenschaft mit 38/40 und dem Quotienten aus der beheizten NF1-Fläche (Wohnfläche) des Gebäudes und der gesamten NF1-Fläche der Liegenschaft multipliziert.

Zur Ermittlung der Mitarbeiteranzahl auf NF2-Flächen pro Gebäude wird die Mitarbeiteranzahl pro Liegenschaft mit 38/40 und dem Quotienten aus der beheizten Bürofläche des Gebäudes und der gesamten NF2-Fläche der Liegenschaft multipliziert.

Zur Ermittlung der GWD- und Mitarbeiteranzahl auf NF3-Flächen pro Gebäude werden je 1/40 der GWD- und der Mitarbeiteranzahl pro Liegenschaft mit dem Quotienten aus der beheizten Produktionsfläche des Gebäudes und der gesamten NF3-Fläche der Liegenschaft multipliziert und die sich ergebenden Teilsummen der GWD und der Mitarbeiter aufsummiert.

Zur Ermittlung der GWD- und Mitarbeiteranzahl auf NF6-Flächen pro Gebäude werden je 1/40 der GWD- und der Mitarbeiteranzahl pro Liegenschaft mit dem Quotienten aus der beheizten Gebäudefläche für Heilen und der gesamten NF6-Fläche der Liegenschaft multipliziert und die sich ergebenden Teilsummen der GWD und der Mitarbeiter aufsummiert.

#### 6.4.11.2 Durchschnittliche Anwesenheit

Die durchschnittliche Anwesenheit der Personen der jeweiligen Flächenkategorie wird in dem vorliegenden Berechnungsmodell gemäß nachstehender Tabelle ermittelt:

*Tab. 9: Durchschnittliche Anwesenheit*

| Flächenkategorie | Anwesenheit (Stunden) | Jahresarbeitstage | Stunden/Tag |
|---|---|---|---|
| Wohnen | 8 | 210 | 4,6 |
| Büro | 8 | 210 | 4,6 |
| Produktion | 8 | 210 | 4,6 |
| Lager | 0 | 0 | 0 |
| Bildung | 0 | 0 | 0 |
| Heilen | 8 | 210 | 4,6 |
| Sonstiges | 0 | 0 | 0 |
| Betriebsanlagen | 0 | 0 | 0 |
| Verkehrsfläche | 0 | 0 | 0 |
| Ungewidmet | 0 | 0 | 0 |

### 6.4.11.3 Betriebsstrom- und Beleuchtungsenergiebedarf

Wie bereits beschrieben wird im Berechnungsmodell unterschieden zwischen Verbrauch/Bedarf für Betrieb und Beleuchtung. Nicht enthalten sind der Hilfsstrom und der Strom für Heizen (Raumheizung und Warmwasser), Kühlen und Lüften. In der Folge wird auf Basis der gültigen Nomenklatur häufig missverständlich vom Bedarf (z.B. Betriebsstrombedarf) gesprochen, auch wenn von der Verbrauchsvariante die Rede ist.

**Verbrauchsvariante**

Für jede Flächenkategorie werden ein spezifischer Betriebsstrombedarf (BSB) und ein spezifischer Beleuchtungsenergiebedarf (BelEB) laut nachstehender Tabelle, basierend auf den Daten der Referenzobjekte, angenommen.

*Tab. 10: Betriebsstrom- und Beleuchtungsenergiebedarf/Nutzfläche und Objektkategorie in kWh/a m² NGF*

| Objektkategorie | | NF 1 | NF 2 | NF 3 | NF 4 | NF 5 | NF 6 | NF 7 | NF 8 | NF 9 | Ungewidmet |
|---|---|---|---|---|---|---|---|---|---|---|---|
| Kanzlei | BSB | 5 | 40 | 0 | 0 | 0 | 0 | 0 | 0 | 0 | 0 |
| | BelEB | 5 | 20 | 0 | 0 | 0 | 0 | 0 | 0 | 5 | 0 |
| MUK | BSB | 15 | 20 | 0 | 0 | 0 | 0 | 0 | 0 | 0 | 0 |
| | BelEB | 10 | 20 | 0 | 0 | 0 | 0 | 0 | 0 | 5 | 0 |
| Lagergebäude | BSB | 0 | 20 | 20 | 0 | 0 | 0 | 0 | 0 | 0 | 0 |
| | BelEB | 0 | 20 | 30 | 0 | 0 | 0 | 0 | 0 | 5 | 0 |
| Küchengebäude | BSB | 0 | 20 | 550 | 0 | 0 | 0 | 0 | 0 | 0 | 0 |
| | BelEB | 20 | 20 | 30 | 0 | 0 | 0 | 0 | 0 | 5 | 0 |
| Sonstiges Gebäude | BSB | 0 | 0 | 50 | 0 | 0 | 0 | 50 | 50 | 0 | 50 |
| | BelEB | 0 | 0 | 5 | 5 | 0 | 0 | 5 | 5 | 5 | 20 |

**Bedarfsvariante**

Für spätere Berechnungen des Betriebsstrombedarfs in der Bedarfsvariante werden nachstehende Basisdaten gemäß ÖNORM B 8110-5 angegeben:

**Tab. 11: Innere Lasten für Heizung und Kühlung**

| Gebäudekategorie | qih | qic |
|---|---|---|
| Mannschaftsunterkunft (Wohngebäude) | 3,75 | 0,00 |
| Kanzleigebäude (Bürogebäude) | 3,75 | 7,50 |
| Küchengebäude (Gaststätte) | 7,50 | 15,00 |
| Lagergebäude (analog Sonstige Gebäude) | 3,75 | 7,50 |
| Sonstige Gebäude | 3,75 | 7,50 |

Für die spätere Berechnung des Beleuchtungsenergiebedarfs werden gemäß ÖNORM H 5059 für die verschiedenen Gebäudekategorien folgende Werte festgelegt:

**Tab. 12: Beleuchtungsenergiebedarf festgelegter Objektkategorien**

| Gebäudekategorie | BelEB [kWh/a m² BGF] |
|---|---|
| Mannschaftsunterkunft (Wohngebäude) | 7,5 |
| Kanzleigebäude (Bürogebäude) | 32,2 |
| Küchengebäude (Gaststätte) | 27,1 |
| Lagergebäude (analog Sonstige Gebäude) | 32,2 |
| Sonstige Gebäude | 32,2 |

## 6.4.12 Standortklima und Seehöhe

Über die KG-Nummer wird auf die Klimatabelle zugegriffen, welche u.a. Angaben betreffend die maximalen und minimalen Seehöhen einer Katastralgemeinde und die zugeordnete Klimaregion enthält. Bei Angabe einer davon abweichenden Seehöhe in den Feedbackfragebögen wird diese herangezogen.

### 6.4.12.1 Klimaregionen

Laut ÖNORM B 8110-5 werden nachfolgende Klimaregionen unterschieden:

**Tab. 13: Klimaregionen**

| Klimaregion | Bezeichnung |
|---|---|
| Nord | N |
| Nord-Südost | N/SO |
| Südliche Beckenlage | SB |
| Süd-Südost | S/SO |
| Nord in Föhnlage | NF |
| West | W |
| Zentral Alpin | ZA |

Die Zuordnung des Gebäudes zu den einzelnen Klimaregionen erfolgt über die Nummer der Katastralgemeinde.

Aus der maximalen und der minimalen Seehöhe wird ein Mittelwert gebildet, sofern die Zuordnung des Objektes nur über die Katastralgemeinde erfolgt und keine gesonderten Eingabedaten in den Feedbackfragebögen für die konkrete Seehöhe vorliegen. Innerhalb jeder Klimaregion wird nach der Höhenlage des betrachteten Ortes unterschieden (Dreischichtenmodell: unter 750 m Seehöhe, von 750 m bis 1.500 m und über 1.500 m Seehöhe).

#### 6.4.12.2 Mittlere Außentemperatur im jeweiligen Monat

Die auf den Gebäudestandort bezogene mittlere Außentemperatur im jeweiligen Monat errechnet sich gemäß ÖNORM B 8110-5.

#### 6.4.12.3 Mittlere Monatssummen der Globaleinstrahlung

Die auf den Gebäudestandort bezogene mittlere Monatssumme der Globaleinstrahlung auf die horizontale Fläche errechnet sich gemäß ÖNORM B 8110-5.

### 6.4.13 Heizgradtage

Die Anzahl der Heizgradtage ($HGT_{20/12}$) wird ermittelt, indem dann, wenn die mittlere Außentemperatur im Monat 12°C unterschreitet, die Differenz zur Innenraumtemperatur von 20°C errechnet und diese mit der Anzahl der Tage pro Monat multipliziert wird.

## 6.4.14 Betriebsstrombedarf und Beleuchtungsenergiebedarf – Berechnung

Wie bereits in den vorhergehenden Kapiteln beschrieben, werden bei der Berechnung zwei Varianten unterschieden:

* Verbrauchsvariante und
* Bedarfsvariante (für die Berechnung des Energieausweises).

### Bedarfsvariante

Der Betriebsstrombedarf beträgt (lt. OIB-RL 6) 50% des Mittelwertes aus „qih" und „qic" multipliziert mit dem Quotienten von 8.760 Stunden pro Jahr und 1.000 (Umrechnung von Wh auf kWh).

Der Beleuchtungsenergiebedarf ergibt sich aus dem Produkt des spezifischen Beleuchtungsenergiebedarfs und der konditionierten BGF.

### Verbrauchsvariante

Der Betriebsstromverbrauch errechnet sich durch Multiplikation der gesamten (unkonditioniert und konditioniert) NF1-9-Flächen und der ungewidmeten Flächen der jeweiligen Objektkategorie mit ihrem jeweiligen spezifischen Wert laut Tabelle.

Der Beleuchtungsenergieverbrauch errechnet sich ebenso durch Multiplikation der gesamten (unkonditioniert und konditioniert) NF1-9-Flächen und der ungewidmeten Flächen der jeweiligen Objektkategorie mit ihrem jeweiligen spezifischen Wert laut Kapitel 0.

## 6.4.15 Bauweise und wirksame Wärmespeicherfähigkeit des Gebäudes

### 6.4.15.1 Bauweise

Zur Ermittlung der wirksamen Wärmespeicherfähigkeit des Gebäudes wird im Vorfeld die Bauweise aus den Eingangsdaten wie folgt abgeleitet:

**Tab. 14: Bauweise**

| Bauweise gemäß IDB-Eingangsdaten | Bauweise gemäß ÖNORM B 8110-6 | Faktor gem. Norm fBW [Wh/(m³ . K)] |
|---|---|---|
| Massivbau vorwiegend Ziegel | schwer | 30 |
| Massivbau vorwiegend Beton | schwer | 30 |
| Leichtbau vorwiegend Holz | leicht | 10 |
| Leichtbau vorwiegend | leicht | 10 |
| Andere Bauweise | mittelschwer | 20 |

### 6.4.15.2 Wirksame Wärmespeicherfähigkeit des Gebäudes

Zur weiteren Berechnung der wirksamen Wärmespeicherfähigkeit des Gebäudes wird das konditionierte Bruttovolumen mit dem o.a. Faktor für die Bauweise multipliziert.

### 6.4.16 Transmissionswärmeverluste

Die Transmissionswärmeverluste errechnen sich aus den jeweiligen Bauteilflächen (Außenwand, unterste und oberste Geschoßdecke, Dachfläche, Kelleraußenwand, Fensterflächen) und deren U-Werte.

### 6.4.16.1 Unterste Geschoßdecke (UGD) – Temperaturkorrekturfaktor

Der Beitrag einzelner Bauteile am Transmissionsleitwert für erdberührte Bauteile wird durch nachstehende Temperaturkorrekturfaktoren angepasst (ÖNORM 8110-6):

**Tab. 15: Unterste Geschoßdecke – Temperaturkorrekturfaktoren**

| Art der untersten Geschoßdecke | Temperaturkorrekturfaktor $f\_BP$ |
|---|---|
| erdberührte Bodenplatte (kein Kellergeschoß) | 0,7 |
| Kellerboden bei beheiztem Keller | 0,5 |
| Kellerdecke über unbeheiztem Keller | 0,7 |

Wenn in den Feedbackfragebögen der Plausibilitätskontrolle Anteile von beheizten oder unbeheizten Kellergeschoßen und Fundamentplatten angegeben wurden und diese sich zu 100% summieren, wird ein flächengewichteter Temperaturfaktor errechnet. Dieser setzt sich aus den Anteilen und dem jeweiligen Temperaturfaktor aus oben genannter Tabelle zusammen.

Wurden keine Angaben gemacht – oder ergeben die Anteile keine 100% – und ist laut den Eingangsdaten zumindest ein beheiztes Kellergeschoß vorhanden, dann wird ein Temperaturkorrekturfaktor von 0,5 angesetzt. Ansonsten wird von einem Temperaturkorrekturfaktor von 0,7 ausgegangen (erdberührte Bodenplatte oder unbeheizter Keller).

### 6.4.16.2  Oberste Geschoßdecke (OGD) – Temperaturkorrekturfaktor

Der Beitrag einzelner Bauteile am Transmissionsleitwert für die oberste Geschoßdecke wird durch nachstehende Temperaturkorrekturfaktoren angepasst (ÖNORM 8110-6):

*Tab. 16: Oberste Geschoßdecke – Temperaturkorrekturfaktoren*

| Art der obersten Geschoßdecke | Temperaturkorrekturfaktor f_TP |
|---|---|
| Außenluftberührte Geschoßdecke (z.B. Flachdach) | 1,0 |
| Geschoßdecke zu unkonditioniertem Dachgeschoß | 0,9 |

Wenn in den Feedbackfragebögen der Plausibilitätskontrolle Anteile von Varianten von obersten Geschoßdecken, Decke zu konditioniertem bzw. nicht konditioniertem Dachraum oder Flachdach angegeben wurden und diese sich zu 100% summieren, dann wird ein flächengewichteter Temperaturfaktor errechnet. Dieser setzt sich aus den Anteilen und dem jeweiligen Temperaturfaktor aus oben genannter Tabelle zusammen.

Wurden keine Angaben gemacht – oder ergeben die Anteile keine 100% – und ist die Differenz zwischen der Anzahl der Dachgeschoße und jener der beheizten Dachgeschoße größer gleich 1, wird von zumindest einem unkonditionierten Dachgeschoß und damit von einem Temperaturkorrekturfaktor von 0,9 ausgegangen. Ansonsten wird kein Temperaturkorrekturfaktor angesetzt (f_TP=1, Flachdach).

### 6.4.16.3  Transmissionsleitwert für außenluftberührte Bauteile

Der Transmissionsleitwert für außenluftberührte Bauteile errechnet sich durch Multiplikation dieser Bauteilflächen mit ihrem jeweiligen U-Wert.

Bei einem beheizten Dachgeschoß (ausgebautes Dach) wird die schräge Dachfläche der Berechnung des Transmissionsleitwertes für außenluftberührte Bauteile zugrunde gelegt. Bei einem unbeheizten Dachgeschoß wird ebenso wie bei einem Flachdach die Fläche der OGD herangezogen und der U-Wert mit dem jeweiligen Temperaturkorrekturfaktor multipliziert.

#### 6.4.16.4 Transmissionsleitwert für erdberührte Bauteile

Besitzt das Gebäude einen unbeheizten Keller, dann bildet der Boden zu diesem die untere Begrenzung der thermischen Hülle. Wände und Boden des Kellers bleiben außer Ansatz.

Besitzt das Gebäude einen beheizten Keller, so werden bei der Berechnung der U-Werte nebst der erdberührten Bodenplatte auch Kellerwände berücksichtigt.

Der Transmissionsleitwert für erdberührte Bauteile errechnet sich durch Multiplikation dieser Bauteilflächen mit ihrem jeweiligen U-Wert, wobei je nach Art der untersten Geschoßdecke und bei Vorhandensein einer Kelleraußenwand ein Temperaturkorrekturfaktor zur Anwendung kommt.

#### 6.4.16.5 Wärmebrücken

Wärmebrücken werden im Sinne der ÖNORM B 8110-6 pauschal angenommen. Diese berechnen sich aus den Transmissionswärmeverlusten und der Hüllfläche gemäß nachstehender Formel (Berechnung des pauschalen Wärmebrückenzuschlags [PÖHN2012]):

$$L_\psi + L_\chi = 0,2 \cdot \left( 0,75 - \frac{\sum_i f_{i,h} \cdot A_i \cdot U_i}{\sum_i A_i} \right) \cdot \sum_i f_{i,h} \cdot A_i \cdot U_i \geq 0,1 \cdot \left( L_e + L_u + L_g \right) \qquad (1)$$

#### 6.4.16.6 Transmissionsleitwert

Der Transmissionsleitwert wird in den weiteren Berechnungen mit der Summe der Transmissionsleitwerte für außenluftberührte Bauteile und erdberührte Bauteile sowie der pauschal ermittelten Wärmebrücken gleichgesetzt.

### 6.4.17 Lüftungswärmeverluste

Da im betrachteten Immobilienbestand Raumlüftungsanlagen selten sind, wird grundsätzlich von einer Fensterlüftung (natürlich konditioniert) ausgegangen. Bei Küchengebäuden wird allerdings das Vorhandensein einer RLT-Anlage angenommen.

### 6.4.17.1 Lüftungsleitwert

**Bedarfsvariante**

In der Bedarfsvariante wird zwischen Küchengebäuden und den übrigen Gebäudekategorien unterschieden, da davon ausgegangen wird, dass Küchengebäude über eine RLT-Anlage verfügen und damit eine erhöhte energetisch wirksame Luftwechselrate aufweisen.

Der Lüftungsleitwert errechnet sich aus dem Produkt der Kapazität und Dichte der Luft (0,34), der konditionierten BGF, dem Umrechnungsfaktor von konditionierter BGF auf die Bezugsfläche BF (0,8), der lt. Norm fixen Raumhöhe von 2,6 m und der Luftwechselrate.

**Verbrauchsvariante**

In der Verbrauchsvariante wird davon ausgegangen, dass die notwendige Frischluftmenge pro Person und Stunde über die Fenster zugeführt wird. Der Lüftungsleitwert errechnet sich somit in der Verbrauchsvariante aus dem Produkt der Kapazität und Dichte der Luft (0,34), der mittleren Personenanzahl und ihrer durchschnittlichen Anwesenheit (4,6 Stunden) geteilt durch 24 Stunden mal dem hygienischen Luftvolumenstrom von 30 m³ pro Stunde und Person.

Bei Vorhandensein einer RLT-Anlage (Küchengebäude) erhöht sich der Lüftungsleitwert um den abgeführten Luftvolumenstrom der Lüftungsanlage und errechnet sich somit als das Produkt aus den Werten 0,34 (Kapazität und Dichte der Luft) und 75 (erhöhter Luftwechsel in m³/m²), der Produktionsfläche, der Betriebsdauer im Ausmaß von 10 von 24 Stunden und dem Wärmerückgewinnungsgrad von 50% (1–0,5).

## 6.4.18 Heizlast und Innentemperatur

Da die Innentemperatur in der Verbrauchsvariante weitgehend unbekannt und nicht durch die vorhandenen Datenbanken erfasst ist, werden die Innentemperaturen durch eine Heizlastabschätzung abgeleitet.

### 6.4.18.1 Heizlast

Hat das Gebäude keine konditionierte BGF, so beträgt die Heizlast Null. Ansonsten errechnet sich die Heizlast aus der Summe des Lüftungsleitwertes und dem Transmissionsleitwert abzüglich des Leitwertes für erdberührte Bauteile mal der Temperaturdifferenz von 35 Kelvin und aus dem Produkt des Leitwertes für erdberührte Bauteile mal 10 Kelvin dividiert durch die konditionierte BGF.

Die Temperaturdifferenz von 35 Kelvin resultiert aus der Substraktion von 20°C Norm-Innentemperatur und einer (kältesten) Außentemperatur von –15°C. 10 Kelvin ergeben sich aus der Differenz von 20°C Norminnentemperatur und einer Temperatur des Erdreiches von 10°C.

Es ist zu beachten, dass der Transmissionsleitwert als Summe der Transmissionsleitwerte für außenberührte und für erdberührte Bauteile sowie der pauschalen Wärmebrücken festgelegt wurde. Da bei der Heizlastberechnung nur der über Terrain befindliche Baukörper betrachtet wird, ist nun vom Transmissionsleitwert der Leitwert für erdberührte Bauteile wieder in Abzug zu bringen.

### 6.4.18.2   Mittlere Raumtemperatur

Bei einer Heizlast von mehr als 45 W/m² wird für Wohn- und Büroflächen eine mittlere Raumtemperatur von 15°C und bei einer Heizlast von weniger als 10 W/m² eine mittlere Raumtemperatur von 21°C angenommen. Dazwischenliegende Werte werden interpoliert.

### Bedarfsvariante

In der Bedarfsvariante wird für die betrachteten Objektkategorien die mittlere Raumtemperatur mit 20°C angesetzt (Normwert bei den gegebenen Nutzungsprofilen).

### Verbrauchsvariante

Für die Berechnung der mittleren Raumtemperatur des gesamten Gebäudes wird der flächengewichtete Mittelwert für die beheizten NF1- (Wohnen), NF2- (Büro), NF3- (Produktion) und NF6-Flächen (Heilen) herangezogen. Dabei wird für Flächen, die keine dieser Nutzungen aufweisen, eine Raumtemperatur von 15°C angenommen.

### 6.4.19   Monatsbilanz (Standortklima)

Die Wärmegewinne am Standort des Gebäudes ergeben sich aus der Summe der solaren und der inneren Gewinne durch Geräte, Beleuchtung und Personen. Ihnen stehen gegenüber die Transmissions- und Lüftungswärmeverluste am Standort.

### 6.4.19.1   Monatliche Verluste

Die monatlichen Verluste setzen sich aus den Transmissions- und Lüftungswärmeverlusten zusammen. Diese werden nachstehend für die spätere Ermittlung der LEK-Werte getrennt berechnet.

## Monatliche Transmissionswärmeverluste

Die monatlichen Transmissionswärmeverluste errechnen sich aus dem Produkt des Transmissionsleitwertes und der um die mittlere Monatstemperatur am Standort reduzierten mittleren Raumtemperatur multipliziert mit dem Quotienten aus der Anzahl der Stunden pro Monat.

## Monatliche Lüftungswärmeverluste

Die monatlichen Lüftungswärmeverluste errechnen sich aus dem Produkt des Lüftungsleitwertes und der um die mittlere Monatstemperatur am Standort reduzierten mittleren Raumtemperatur multipliziert mit dem Quotienten aus der Anzahl der Stunden pro Monat.

## Monatliche Verluste

Die monatlichen Verluste errechnen sich aus dem Produkt des Transmissionsleitwertes und der um die mittlere Monatstemperatur am Standort reduzierten mittleren Raumtemperatur, dem Produkt des Lüftungsleitwertes, der um die mittlere Monatstemperatur am Standort reduzierten mittleren Raumtemperatur und der Multiplikation mit dem Quotienten aus der Anzahl der Stunden pro Monat

## 6.4.19.2   Monatliche Gewinne

Unterschieden werden die monatlichen solaren Gewinne und die monatlichen inneren Wärmegewinne durch Geräte, Beleuchtung und Personen. Die monatlichen inneren Wärmegewinne durch Geräte, Beleuchtung und Personen werden in der Bedarfs- und der Verbrauchsvariante unterschiedlich berechnet, die solaren Gewinne nicht.

## Solare Gewinne

Die monatlichen solaren Gewinne ergeben sich aus der Multiplikation der wirksamen Kollektorfläche mit der monatlichen Einstrahlung. Dabei ist die wirksame Kollektorfläche das Produkt von Fensterfläche, effektivem g-Wert, Glasanteil und Verschattungsfaktor.

**Bedarfsvariante – Gewinne durch solare Einstrahlung und durch Geräte, Beleuchtung und Personen**

Die Gewinne errechnen sich aus der Summe der solaren und der inneren Gewinne, wobei in der Bedarfsvariante nicht zwischen Personen und Geräten unterschieden wird. Die inneren Gewinne ergeben sich hierbei aus dem Produkt der Bezugsfläche (BF = 80% des konditionierten BGF), der Anzahl der Stunden pro Monat und dem Wert „qih" der jeweiligen Objektkategorie vermehrt um den halben Beleuchtungsenergiebedarf der Objektkategorie multipliziert mit 8.760 Jahresstunden..

**Verbrauchsvariante – Gewinne durch solare Einstrahlung und durch Geräte, Beleuchtung und Personen**

Die Gewinne errechnen sich aus der Summe der solaren und der inneren Gewinne durch die Abwärme von Geräten, Beleuchtung und Personen.

Die Abwärme der Geräte ergibt sich aus dem Beitrag der Geräte und der Beleuchtung mal dem Quotienten aus der konditionierten NGF und der gesamten (beheizten) NGF sowie der Division durch 8.760 (Jahresstunden).

Die Abwärme der Personen ergibt sich aus dem Produkt von 80 Watt (durchschnittliche Wärmeabgabe einer Person), der Summe der mittleren Personenanzahl der einzelnen Flächenkategorien und dem Quotienten aus deren täglicher Anwesenheit von 4,6 Stunden und 24 Stunden (zur Umrechnung auf die durchschnittliche Anwesenheit).

### 6.4.19.3   Gewinn-/Verlustverhältnis

Das monatliche Gewinn-/Verlustverhältnis ist der Quotient aus monatlichen Gewinnen und monatlichen Verlusten.

### 6.4.19.4   Gewinn-/Verlustverhältnis (Standortklima und Wohnraumnutzung)

Das monatliche Gewinn-/Verlustverhältnis bezogen auf Standortklima und Wohnraumnutzung ist der Quotient aus monatlichen Gewinnen und Verlusten.

### 6.4.19.5   Gebäudezeitkonstante

Durch die Gebäudezeitkonstante wird dargelegt, wie schnell ein Gebäude bei Vorhandensein von Gewinnen aufgewärmt werden kann bzw. wie rasch es auskühlt, wenn keine Gewinne vorliegen.

Die Gebäudezeitkonstante errechnet sich durch Division der wirksamen Wärmespeicherfähigkeit des Gebäudes durch die Summe von Transmissions- und Lüftungsleitwert.

### 6.4.19.6 Ausnutzungsgrad

Der numerische Parameter für den Ausnutzungsgrad errechnet sich aus der Summe von Eins und der Gebäudezeitkonstante dividiert durch 16 Stunden.

Der monatliche Ausnutzungsgrad ermittelt sich nach der Formel:

Ausnutzungsgrad = $(1 - (G/V)^a) / (1 - (G/V)^{a+1})$

G = monatliche Gewinne
V = monatliche Verluste
a = numerischer Parameter

$$\eta = \frac{1 - \left(\frac{G}{V}\right)^a}{1 - \left(\frac{G}{V}\right)^{a+1}} \quad (2)$$

### 6.4.19.7 Ausnutzungsgrad (Standortklima und Wohnraumnutzung)

Der monatliche Ausnutzungsgrad bezogen auf Standortklima und Wohnraumnutzung ermittelt sich analog zu oben genannter Formel unter Berücksichtigung der monatlichen Gewinne unter Standortklima und Wohnraumnutzung.

## 6.4.20 Heizwärmebedarf (Standortklima)

### 6.4.20.1 Monatlicher Heizwärmebedarf (Standortklima)

Der auf das Standortklima bezogene monatliche Heizwärmebedarf errechnet sich aus den monatlichen Verlusten reduziert um die mit dem Ausnutzungsgrad multiplizierten monatlichen Gewinne.

### 6.4.20.2 Monatlicher Heizwärmebedarf (Standortklima und Wohnraumnutzung)

Der auf das Standortklima bei Wohnraumnutzung bezogene monatliche Heizwärmebedarf errechnet sich aus den monatlichen Verlusten reduziert um die mit dem Ausnutzungsgrad multiplizierten monatlichen Gewinne.

### 6.4.20.3 Jährlicher Heizwärmebedarf (Standortklima)

Der auf das Standortklima bezogene jährliche Heizwärmebedarf errechnet sich durch Summierung der monatlichen Heizwärmebedarfe dividiert durch die konditionierte BGF.

### 6.4.21 Monatsbilanz und Heizwärmebedarf (Referenzklima)

Zur Angabe auf dem Energieausweis wird neben den bereits beschriebenen Energiekenngrößen der Heizwärmebedarf unter Referenzklima berechnet.


#### 6.4.21.1 Monatlicher Heizwärmebedarf (Referenzklima)

Zur Berechnung des auf das Referenzklima bezogenen monatlichen Heizwärmebedarfs werden die Werte des Standortklimas (mittlere Außentemperatur im jeweiligen Monat und mittlere Monatssummen der Globaleinstrahlung) durch die Werte des Referenzklimas ersetzt.

Dabei weist die **mittlere Außentemperatur** in den Monaten Jänner bis Dezember bestimmte Durchschnittswerte [°C] auf:

Für die **Globaleinstrahlung auf die horizontale Fläche** wird ein Mittelwert herangezogen, indem die Summe der einzelnen Werte durch deren Anzahl dividiert wird.

Die monatliche **solare Einstrahlung** am Referenzstandort wird mit der mittleren Monatssumme der Globaleinstrahlung auf die horizontale Fläche gleichgesetzt.

Die Berechnung der restlichen Parameter der Bilanzierung erfolgt analog zum vorhergehenden Kapitel.


#### 6.4.21.2 Jährlicher Heizwärmebedarf (Referenzklima)

Der auf das Referenzklima bezogene jährliche Heizwärmebedarf errechnet sich durch Summierung der monatlichen Heizwärmebedarfe am Referenzstandort dividiert durch die konditionierte BGF.


### 6.4.22 Systemverluste – Basisdaten

#### 6.4.22.1 Wärmeverteilungsverluste: Basiswerte Raumheizung

Durch Angabe des Verhältnisses von Dämmdicke zu Rohrdurchmesser werden mit nachstehender Tabelle die Wärmeverluste (pro Meter/Leitungslänge) ermittelt:

Die Leitungslängen der Steig-, Verteil- und Stichleitungen werden entsprechend den Defaultwerten aus folgender Tabelle aus der konditionierten BGF berechnet.

**Tab. 17: Wärmeabgabe von Rohrleitungen für Warmwasserbereitung [PÖHN2012]**

| Art der Rohrleitungen (Fixwerte) | | | Wärmeverlust [W/m)] |
|---|---|---|---|
| Gedämmte Rohr- leitungen | Verhältnis Dämmdicke zu Rohrdurchmesser | 3/3 | 0,24 |
| | | 2/3 oder Unterputzverle- | 0,30 |
| | | 1/3 | 0,45 |

Die Systemtemperatur des Raumheizungssystems wird mit 55°C entsprechend dem Referenzsystem angenommen.

## 6.4.22.2 Wärmeverteilungsverluste: Basiswerte Warmwasser

Analog zur Berechnung der Wärmeverteilungsverluste der Raumheizung werden die Wärmeverteilungsverluste für das Warmwassersystem berechnet. Die Systemtemperatur des Warmwassersystems wird mit 60°C entsprechend dem Referenzsystem angenommen.

## 6.4.23 Warmwasserwärmebedarf/-verbrauch

**Bedarfsvariante**

Der tägliche Warmwasserwärmebedarf errechnet sich, indem die Werte aus nachstehender Tabelle gemäß ÖNORM B 8110-5 mit der konditionierten BGF multipliziert werden:

**Tab. 18: Warmwasserwärmebedarf**

| Gebäudekategorie gemäß Referenzobjekten | $wwwb$ [Wh/m²$_{BGF}$ d] |
|---|---|
| Mannschaftsunterkunft (Wohngebäude) | 35,00 |
| Kanzleigebäude (Bürogebäude) | 17,50 |
| Küchengebäude (Gaststätte) | 17,50 |
| Lagergebäude (analog Bürogebäude) | 17,50 |
| Sonstige Gebäude | 17,50 |
| Validierung_Variante1_10 | 35,00 |

**Verbrauchsvariante**

Der tägliche Warmwasserwärmeverbrauch errechnet sich aus dem Produkt der mittleren Personenzahl der jeweiligen Flächenkategorie und der jeweiligen Warmwassermenge in Liter pro Person und Tag und dem Produkt von 50 K Temperaturdifferenz (Ermittlung der notwendigen Wärme in J) und dem Quotienten von 4.186 J/kg/K (spezifische Wärmekapazität von Wasser) und 3600 (Umrechnung auf Wh).

Der Warmwasserverbrauch pro Person und Tag ergibt sich hierbei aus nachstehender Tabelle:

**Tab. 19: Warmwasserverbrauch**

| Flächenkategorie | Warmwasser pro Person [l/d] |
|---|---|
| Wohnen | 25 |
| Büro | 10 |
| Produktion | 10 |
| Lager | 0 |
| Bildung | 0 |
| Heilen | 10 |
| Sonstiges | 0 |
| Betriebsanlagen | 0 |
| Verkehrsfläche | 0 |
| Ungewidmet | 0 |

### 6.4.24 Heizanlage (Raumheizung)

Da eine exakte Erfassung aller für den Energieausweis relevanten Parameter und Kenngrößen der Heizungsanlage durch die vorliegende Datenbasis nicht möglich ist, werden im Sinne der OIB-RL 6 verschiedene Referenzanlagen den nachfolgenden Berechnungen zugrunde gelegt. In weiterer Folge werden in Abhängigkeit von der in der Datenbank eingetragenen „Heizungsart" das passende Referenzsystem und der Energieträger festgelegt.

### 6.4.25 Systemverluste – Berechnung

Im Energieverbrauchsprognosemodell werden die Systemverluste im Sinne der OIB-RL 6 detailliert berechnet. Grundlage für nachfolgende Berechnungen ist die ÖNORM 5056.

### 6.4.25.1 Ermittlung der Heizperiodenlänge

Die Berechnung der Heizperiodenlänge gemäß EN ISO 13790 basiert auf dem Gewinn-/Verlustverhältnis aus der Monatsbilanz. Zu den Gesamtwärmegewinnen werden die zurückgewinnbaren Verluste des Warmwassersystems addiert, da diese ganzjährig zu den inneren Wärmegewinnen beitragen.

Die zurückgewinnbaren Verluste des Warmwassersystems setzen sich aus den Wärmeabgabe- ($Q_{TW,WA}$) und den Wärmeverteilverlusten ($Q_{TW,WV}$) zusammen, wobei nur die Wärmeverteilverluste der Anbindeleitungen Berücksichtigung finden, da diese im konditionieren Bereich des Gebäudes verlaufen.

Die monatlichen **Wärmeabgabeverluste** für Warmwasser ($Q_{TW,WA}$) berechnen sich gemäß nachstehender Formel (Warmwasserarmaturen – Wärmeverlust [PÖHN2012]):

$$Q_{TW,WA} = \frac{1}{1000} \cdot (q_{TW,WA,1} + q_{TW,WA,2}) \cdot BGF \cdot 0,8 \cdot d_{Nutz} \cdot t_{h,d} \qquad (3)$$

Für die Ausstellung von Energieausweisen sind folgende Defaultwerte einzusetzen:

*Tab. 20: Warmwasserarmaturen – Wärmeverlust [PÖHN2012]*

| Art der Armaturen | Wärmeverlust [W/m²] |
|---|---|
| Zweigriffarmaturen | 0,083 (Fixwert) |
| Einhebelmischer | 0,063 |
| Thermostatmischer | 0,043 |

*Tab. 21: Warmwasser-Wärmeverbrauchsfeststellung – Wärmeverlust [PÖHN2012]*

| Art der Wärmeverbrauchsfestlegung | Wärmeverlust [W/m²] |
|---|---|
| individuelle Warmwasserverbrauchsermittlung und -abrechnung | 0,000 (Fixwert) |
| pauschale Warmwasserverbrauchsermittlung und -abrechnung | 0,330 |

Das **monatliche Gewinn-/Verlustverhältnis** ist je Monat jeweils für den Monatsbeginn und das Monatsende zu ermitteln, wobei dies jeweils durch Mitteilung der den Beginn und das Ende begrenzenden Monatswerte erfolgt.

Die monatlichen **Wärmeverteilverluste** ($Q_{TW,WV}$) der Anbindeleitungen werden gemäß nachstehender Formel festgestellt. Die **zurückgewinnbaren Verluste des Warmwassersystems** berechnen sich aus den Abgabe- und Verteilverlusten demnach wie folgt:

$$\gamma_H = \frac{Q_g + Q_{TW,beh}}{Q_\ell} \qquad \gamma_{H,lim} = \frac{a+1}{a}$$

$$\text{wenn } \gamma_{H,1} > \gamma_{H,lim}: \ f_H = 1 \qquad \text{wenn } \gamma_H > \gamma_{H,lim}: \ f_H = 0,5 \cdot \frac{\gamma_{H,lim} - \gamma_{H,1}}{\gamma_H - \gamma_{H,1}}.$$

$$\text{wenn } \gamma_{H,2} < \gamma_{H,lim}: \ f_H = 0 \qquad \text{wenn } \gamma_H \leq \gamma_{H,lim}: \ f_H = 0,5 + 0,5 \cdot \frac{\gamma_{H,lim} - \gamma_H}{\gamma_{H,2} - \gamma_H}$$

$$(4)$$

Die Berechnung der **Gebäudezeitkonstante** und des **Parameters für den Ausnutzungsgrad** erfolgt wie bereits dargestellt.

Das Ergebnis aus der Methode ist ein **Faktor,** welcher für jeden Monat den Anteil an Heiztagen des Monats beinhaltet. Durch Multiplikation der Tage des Monats mit dem Faktor wird eine Liste mit den jeweiligen **Heiztagen** im Monat generiert.

### 6.4.25.2 Ermittlung des Ausnutzungsgrades (inklusive rückgewinnbarer Verluste des Raumheizungs- und Warmwassersystems)

Die zurückgewinnbaren Verluste der Raumheizung setzen sich aus den Wärmeabgabe- ($Q_{RH,WA}$) und den Wärmeverteilverlusten ($Q_{RH,WV}$) zusammen, wobei nur die Wärmeverteilverluste der Anbindeleitungen Berücksichtigung finden, da diese im konditionieren Bereich des Gebäudes verlaufen.

Die monatlichen **Wärmeabgabeverluste** der Raumheizung ($Q_{RH,WA}$) berechnen sich gemäß nachstehender Formel (Berechnung der monatlichen Wärmeabgabeverluste der Raumheizung [PÖHN2012]):

$$Q_{H,WA} = \frac{1}{1000} \cdot q_{H,WA} \cdot d_{Heiz} \cdot t_{h,d} \cdot BF$$

$$(5)$$

*Tab. 22: Raumheizung – spezifischer Wärmeverlust*

| Art der Regelung | Wärmeverlust [W/m²] |
|---|---|
| Einzelraumregelung mit elektronischem Regelgerät mit Optimierungsfunktion | 0,38 |
| Einzelraumregelung mit P-I-Regler und Raumthermostat je Raum | 0,58 |
| Raumthermostat-Zonenregelung mit Zeitsteuerung | 0,88 |
| Einzelraumregelung mit Thermostatventilen | 1,25 |
| Heizkörper-Regulierventile, von Hand betätigt | 1,83 |
| keine Temperaturregelung | 2,91 |
| **Art des Wärmeabgabesystems** | **Wärmeverlust [W/m²]** |
| Gebläsekonvektor/Fan-Coil | 0,125 |
| Kleinflächige Wärmeabgabe wie Radiatoren, Einzelraumheizer | 0,250 |
| Flächenheizung | 0,500 |
| **Art der Wärmeverbrauchsfestlegung** | **Wärmeverlust [W/m²]** |
| Individuelle Wärmeverbrauchsermittlung und Heizkostenabrechnung | 0,00 (Fixwert) |
| Pauschale Wärmeverbrauchsermittlung und Heizkostenabrechnung | 2,30 |

Beim betrachteten Gebäudebestand wird von Heizkörper-Regulierventilen ausgegangen, welche von Hand betätigt werden, sowie von einer kleinflächigen Wärmeabgabe (z.B. Radiatoren) und einer individuellen Wärmeverbrauchsermittlung.

Die **zurückgewinnbaren Verluste der Raumheizung** berechnen sich aus den Abgabe- und Verteilverlusten.

Das **monatliche Gewinn-/Verlustverhältnis** ist der Quotient aus monatlichen Gewinnen und monatlichen Verlusten, wobei sich die monatlichen Gewinne aus der Summe der monatlichen Wärmegewinne und den monatlich rückgewinnbaren Verlusten des Warmwassersystems und der Raumheizung ergeben.

### 6.4.25.3 Verluste des Warmwassersystems

Eingangs wird die mittlere Umgebungstemperatur des Speichers berechnet, u. zw. sowohl für den Fall eines beheizten als auch für den Fall eines unbeheizten Speicherraumes.

Beim betrachteten Gebäudebestand wird von indirekten, durch gesetzte Energieträger beheizten Speichern ausgegangen. Primär wird die „neue" Beheizungsart auf Basis der Feedbackfragebögen eingelesen, sollte diese aber fehlen, dann kommt die „alte" Heizungsart laut Datenbankeintrag zum Tragen.

Als Baujahr des Speichers wird das Jahr einer im Feedbackfragebogen der Plausibilitätskontrolle angegebenen Kesselsanierung angenommen. Falls im Feedbackfragebogen der Plausibilitätskontrolle keine Angabe zum Kesselbaujahr erfolgte, wird das Baujahr des Gebäudes als Baujahr des Speichers angenommen.

Beim betrachteten Gebäudebestand wird davon ausgegangen, dass sich die Speicher im konditionierten Bereich des Gebäudes befinden.

In Abhängigkeit vom Baujahr des Speichers und der Speicherart werden die Parameter für die Berechnung des Wärmeverlustes des Speichers gesetzt, das Volumen bestimmt und die Verluste aufgrund von Anschlussteilen gewählt.

**Tab. 23: Warmwasserspeicher – Wärmeverlust bei Prüfbedingungen [PÖHN2012]**

| Art des Wärmespeichers (Defaultwerte) | | Wärmeverlust [kWh/d] $q_{b,WS} = a \cdot (b + c \cdot V_{TW,WS}^d)$ | | | |
|---|---|---|---|---|---|
| | | a | b | c | d |
| indirekt beheizter Warmwasserspeicher | ab 1994 | 1,00 | 0,40 | 0,200 | 0,4 |
| | 1986 bis 1994 | 1,00 | 0,40 | 0,210 | 0,4 |
| | 1978 bis 1986 | 1,00 | 0,40 | 0,230 | 0,4 |
| | vor 1978 | 1,00 | 0,40 | 0,270 | 0,5 |
| direkt elektrisch beheizter Warmwasserspeicher | ab 1994 | 1,00 | 0,29 | 0,019 | 0,8 |
| | 1989 bis 1994 | 1,25 | 0,29 | 0,019 | 0,8 |
| | vor 1989 | 1,40 | 0,29 | 0,019 | 0,8 |
| mehrere Elektrokleinspeicher | | 1,00 | 0,00 | 1,000 | 1,0 |
| direkt gasbeheizter Warmwasserspeicher | ab 1994 | 0,60 | 2,00 | 0,033 | 1,1 |
| | 1985 bis 1994 | 2,00 | 2,00 | 0,033 | 1,1 |
| | vor 1985 | 1,40 | 2,00 | 0,033 | 1,1 |

**Tab. 24: Warmwasserspeicher – Nenninhalt [PÖHN2012]**

| Art des Wärmespeichers (Defaultwerte) | | Nenninhalt [l] |
|---|---|---|
| indirekt beheizter Warmwasserspeicher | öl-, gas-, festbrennstoff-, fernwärme-beheizt | $1,75 \cdot BF \geq 175$ |
| | solar-, wärmepumpen-beheizt | $2,50 \cdot BF \geq 250$ |
| direkt beheizter Warmwasserspeicher | gasbeheizt | $1,75 \cdot BF \geq 175$ |
| | elektrisch beheizt | $1,50 \cdot BF \geq 150$ |
| mehrere Elektrokleinspeicher | | $0,0035 \cdot BF$ |

**Tab. 25: Anschlussteile – Wärmeverlust der Anschlussteile der Wärmespeicher [PÖHN2012]**

| Speicher | direkt beheizter | | indirekt beheizter | |
|---|---|---|---|---|
| Dämmung der Anschlussteile | gedämmt [W/K] | ungedämmt [W/K] | gedämmt [W/K] | ungedämmt [W/K] |
| Summenwerte | 0,48 | 0,96 | 0,66 | 1,32 |

Die Temperaturdifferenz des Wärmespeichers wird gemäß nachstehender Tabelle mit 60 °C festgelegt:

**Tab. 26: Wärmespeicher – Temperatur von Wärmespeichern [PÖHN2012]**

| Art des Wärmespeichers (Defaultwerte) | Temperatur [°C] |
|---|---|
| Solarspeicher, Wärmepumpenspeicher $\theta_{TW,WS,m}$ | 60 (bei EFH 45) |
| indirekt beheizter Warmwasserspeicher $\theta_{TW,WS,m}$ | 60 (bei EFH 55) |
| direkt elektrisch-/gasbeheizter Warmwasserspeicher $\theta_{TW,WS,m}$ | 65 |

Die mittlere Betriebstemperatur des Wärmespeichers wird mit der Systemtemperatur des Warmwassersystems gleichgesetzt. Die Berechnung der Temperaturdifferenz von Speicher und Speicherumgebung ist abhängig vom Aufstellungsort und erfolgt unterschiedlich, je nachdem, ob der Speicher in konditionierten Bereichen des Gebäudes untergebracht ist oder nicht. Beim betrachteten Gebäudebestand wird davon ausgegangen, dass sich die Speicher im konditionierten Bereich des Gebäudes befinden. Die monatlichen Verluste des Warmwasserspeichers errechnen sich demnach gemäß nachstehender Formel (Berechnung der monatlichen Verluste des Wärmespeichers [PÖHN2012]):

$$Q_{TW,WS} = \left( \frac{q_{b,WS}}{24 \cdot \Delta\theta_{WS,Pb}} + \frac{1}{1000} \cdot \sum q_{at} \right) \cdot \Delta\theta_{TW,WS,m} \cdot d \cdot 24 \tag{6}$$

**Wärmeabgabeverluste**

Die monatlichen Wärmeabgabeverluste für Warmwasser berechnen sich gemäß nachstehender Formel (Berechnung der monatlichen Abgabeverluste für Warmwasser [PÖHN2012]):

$$Q_{TW,WA} = \frac{1}{1000} \cdot (q_{TW,WA,1} + q_{TW,WA,2}) \cdot BGF \cdot 0,8 \cdot d_{Nutz} \cdot t_{h,d} \tag{7}$$

Für die Ausstellung von Energieausweisen sind folgende Defaultwerte einzusetzen:

**Tab. 27: Warmwasserarmaturen – Wärmeverlust [PÖHN2012]**

| Art der Armaturen | Wärmeverlust [W/m²] |
|---|---|
| Zweigriffarmaturen | 0,083 (Fixwert) |
| Einhebelmischer | 0,063 |
| Thermostatmischer | 0,043 |

**Tab. 28: Warmwasser-Wärmeverbrauchsfeststellung – Wärmeverlust [PÖHN2012]**

| Art der Wärmeverbrauchsfestlegung | Wärmeverlust [W/m²] |
|---|---|
| individuelle Warmwasserverbrauchsermittlung und -abrechnung | 0,000 (Fixwert) |
| pauschale Warmwasserverbrauchsermittlung und -abrechnung | 0,330 |

**Wärmeverteilverluste**

Die Warmwassertemperatur der Verteil-, Steig- und Stichleitungen ist aus nachstehender Tabelle ersichtlich:

**Tab. 29: Warmwassertemperatur der Verteil-, Steig- und Stichleitungen [PÖHN2012]**

| Art der Leitungen (Fixwerte) | Temperatur [°C] |
|---|---|
| Verteil- und Steigleitungen mit Zirkulation | 60 |
| Verteil- und Steigleitungen ohne Zirkulation | $23 + 37\,(1-e^{-BF/1550})$ |
| Stichleitung | 25 |

Beim betrachteten Gebäudebestand wird davon ausgegangen, dass bei den Verteil- und Steigleitungen keine Zirkulation vorhanden ist. Aus den monatlichen Wärmeverteilverlusten der Stich-, Steig- und Verteilleitungen ergibt sich die Summe der monatlichen Wärmeverteilverluste des Warmwassersystems.

**Wärmebereitstellungsverluste**

Die Ermittlung der Nennleistung erfolgt – unter der Annahme, dass ein Warmwasserspeicher vorhanden ist – gemäß nachstehender Formel (Berechnung der Nennleistung des Kessels [PÖHN2012]):

$$\text{mit WW-Speicher:} \qquad P_{TW,KN} = P_{TW,WT} = 0,10 \cdot \left( \frac{wwwb}{1000} \cdot \frac{BF}{0,036} \right)^{0,7} \qquad (8)$$

Die benötigte Wärmeenergie für die Warmwasserbereitung setzt sich aus dem Bedarf und den o.a. Abgabe-, Verteil- und Speicherverlusten zusammen.

Beim betrachteten Gebäudebestand wird davon ausgegangen, dass die Kessel mit einer Modulierungsmöglichkeit ausgestattet sind.

Der monatliche Auslastungsgrad von Kesseln für Warmwasserbereitung errechnet sich wie folgt (Berechnung des monatlichen Auslastungsgrades [PÖHN2012]):

$$f_{TW,\varphi} = \frac{\dot{Q}_{TW}}{d_{Nutz} \cdot t_{h,d} \cdot P_{TW,KN}} \leq 1,0 \qquad (9)$$

Für die Ermittlung der Kesselwirkungsgrade und der Bereitschaftsverluste werden die Defaultwerte A bis F für die Periode 1978 bis 1994 gemäß den nachstehenden Tabellen angenommen:

### Tab. 30: Wirkungsgrade für Heizkessel [PÖHN2012]

| Energieträger | Kesseltyp | Baujahr | A | B | C | D |
|---|---|---|---|---|---|---|
| Flüssige und gasförmige Brennstoffe | Zentralheizgerät (Standardkessel) | vor 1978 | 79,0 | 2,0 | 75,0 | 3,0 |
| | | 1978 bis 1994 | 82,0 | 2,0 | 77,0 | 3,0 |
| | | nach 1994 | 84,0 | 2,0 | 80,0 | 3,0 |
| | Niedertemperatur-Zentralheizgerät ($\theta_{VL,Ne} \leq 70°$ C) | 1978 bis 1994 | 84,5 | 1,5 | 85,0 | 1,5 |
| | | nach 1994 | 87,5 | 1,5 | 87,5 | 1,5 |
| | Brennwertgerät ($\theta_{VL,Ne} \leq 55°$ C) | vor 1987 | 88,0 | 1,0 | 94,0 | 1,0 |
| | | 1987 bis 1994 | 90,0 | 1,0 | 96,5 | 1,0 |
| | | nach 1994 | 91,0 | 1,0 | 97,0 | 1,0 |
| Feste Brennstoffe, händisch beschickt | | vor 1978 | 60,0 | 7,7 | - | - |
| | | 1979 bis 1994 | 63,0 | 7,7 | - | - |
| | | nach 1994 | 65,3 | 7,7 | - | - |
| Feste Brennstoffe, automatisch beschickt | Pellets | nach 1994 | 77,4 | 4,6 | 74,6 | 5,4 |
| | | nach 2004 | 81,4 | 3,6 | 77,6 | 4,4 |
| | Sonstige Brennstoffe | vor 1978 | 66,0 | 6,7 | 63,0 | 7,7 |
| | | 1978 bis 1994 | 69,0 | 6,7 | 66,0 | 7,7 |
| | | nach 1994 | 71,3 | 6,7 | 68,3 | 7,7 |
| Kombitherme, Durchlauferhitzer | | bis 1987 | 86,0 | 1,0 | 84,0 | 1,0 |
| | | 1988 bis 1994 | 88,0 | 1,0 | 84,0 | 1,0 |
| | | nach 1994 | 89,0 | 1,0 | 84,0 | 1,0 |

### Tab. 31: Bereitschaftsverluste von Heizkesseln [PÖHN2012]

| Energieträger | Kesseltyp | Baujahr | E | F |
|---|---|---|---|---|
| Flüssige und gasförmige Brennstoffe | Zentralheizgerät (Standardkessel) | vor 1978 | 3,10 | 0,80 |
| | | 1978 bis 1994 | 2,70 | 0,80 |
| | | nach 1994 | 2,50 | 0,80 |
| | Niedertemperatur-Zentralheizgerät, Brennwertgerät | 1978 bis 1994 | 2,10 | 0,55 |
| | | nach 1994 | 1,75 | 0,55 |
| Kombitherme, Durchlauferhitzer ($P_{KN} < 30$ kW) | mit/ohne Kleinspeicher | vor 1994 | 3,00 | 0,00 |
| | Kleinspeicher (2 l – 10 l) | nach 1994 | 2,20 | 0,00 |
| | ohne Kleinspeicher | nach 1994 | 1,80 | 0,00 |
| Feste Brennstoffe | händisch beschickt | vor 1978 | 5,70 | 1,00 |
| | | 1978 bis 1994 | 5,30 | 1,00 |
| | | nach 1994 | 5,00 | 1,00 |
| | automatisch beschickt | vor 1978 | 3,70 | 0,80 |
| | | 1978 bis 1994 | 3,40 | 0,80 |
| | | nach 1994 | 3,20 | 0,80 |

Bei der Berechnung der Verluste von Kesseln mit Modulierungsmöglichkeit werden zwei Varianten unterschieden (Bereitschaftsverluste von Heizkesseln [PÖHN2012]):

$$0,3 \leq f_{TW,j} \leq 1,0: \qquad\qquad Q_{TW,K} = P_{TW,KN} \cdot d_{Nutz} \cdot t_{h,d} \cdot$$

$$\cdot \left[ \frac{f_{TW,\varphi} - 0,3}{0,7} \cdot \left( \frac{1}{\eta_{be,100\%}} - \frac{0,3}{\eta_{be,30\%}} - 0,7 \right) + \frac{0,3}{\eta_{be,30\%}} - 0,3 \right]$$

$$0 \leq f_{TW,j} < 0,3: \qquad\qquad Q_{TW,K} = P_{TW,KN} \cdot d_{Nutz} \cdot t_{h,d} \cdot$$

$$\cdot \left[ f_{TW,\varphi} \cdot \left( \frac{1}{\eta_{be,30\%}} - 1 - \frac{q_{bb}}{0,3} \right) + q_{bb} \right] \tag{10}$$

Die monatlichen Wärmebereitstellungsverluste des Warmwassersystems werden mit dem Ergebnis der zum Tragen kommenden Variante des Kesselverlustes gleichgesetzt.

Im Falle einer Entsprechung nach dem Referenzsystem 6 werden die monatlichen Speicher- und Bereitstellungsverluste mit Null angesetzt.

Im Falle einer kombinierten Wärmebereitstellung für Warmwasser und Raumheizung entfällt der Beitrag der Wärmebereitstellung für das Warmwasser und die monatlichen Verluste des Warmwassersystems ergeben sich aus der Summe der Abgabe-, Verteil- und Speicherverluste. In allen übrigen Fällen sind auch die Bereitstellungsverluste bei der Summe zu berücksichtigen.

Zur Ermittlung des für spätere Berechnungen benötigten monatlichen Warmwasser-wärmebedarfs wird der tägliche Warmwasserwärmebedarf mit der Anzahl der Tage im Monat multipliziert und durch 1.000 dividiert (Umrechnung auf kWh).

### 6.4.25.4 Verluste des Raumheizsystems

Für die Ermittlung der Kesselwirkungsgrade und der Bereitschaftsverluste werden die Defaultwerte A bis F für die Periode 1978 bis 1994 gemäß den nachstehenden Tabellen angenommen:

**Tab. 32: Wirkungsgrade für Heizkessel [PÖHN2012]**

| Energieträger | Kesseltyp | Baujahr | A | B | C | D |
|---|---|---|---|---|---|---|
| Flüssige und gasförmige Brennstoffe | Zentralheizgerät (Standardkessel) | vor 1978 | 79,0 | 2,0 | 75,0 | 3,0 |
| | | 1978 bis 1994 | 82,0 | 2,0 | 77,0 | 3,0 |
| | | nach 1994 | 84,0 | 2,0 | 80,0 | 3,0 |
| | Niedertemperatur-Zentralheizgerät ($\theta_{VL,Ne} \leq 70°$ C) | 1978 bis 1994 | 84,5 | 1,5 | 85,0 | 1,5 |
| | | nach 1994 | 87,5 | 1,5 | 87,5 | 1,5 |
| | Brennwertgerät ($\theta_{VL,Ne} \leq 55°$ C) | vor 1987 | 88,0 | 1,0 | 94,0 | 1,0 |
| | | 1987 bis 1994 | 90,0 | 1,0 | 96,5 | 1,0 |
| | | nach 1994 | 91,0 | 1,0 | 97,0 | 1,0 |
| Feste Brennstoffe, händisch beschickt | | vor 1978 | 60,0 | 7,7 | - | - |
| | | 1979 bis 1994 | 63,0 | 7,7 | - | - |
| | | nach 1994 | 65,3 | 7,7 | - | - |
| Feste Brennstoffe, automatisch beschickt | Pellets | nach 1994 | 77,4 | 4,6 | 74,6 | 5,4 |
| | | nach 2004 | 81,4 | 3,6 | 77,6 | 4,4 |
| | Sonstige Brennstoffe | vor 1978 | 66,0 | 6,7 | 63,0 | 7,7 |
| | | 1978 bis 1994 | 69,0 | 6,7 | 66,0 | 7,7 |
| | | nach 1994 | 71,3 | 6,7 | 68,3 | 7,7 |
| Kombitherme, Durchlauferhitzer | | bis 1987 | 86,0 | 1,0 | 84,0 | 1,0 |
| | | 1988 bis 1994 | 88,0 | 1,0 | 84,0 | 1,0 |
| | | nach 1994 | 89,0 | 1,0 | 84,0 | 1,0 |

**Tab. 33: Bereitschaftsverluste von Heizkesseln [PÖHN2012]**

| Energieträger | Kesseltyp | Baujahr | E | F |
|---|---|---|---|---|
| Flüssige und gasförmige Brennstoffe | Zentralheizgerät (Standardkessel) | vor 1978 | 3,10 | 0,80 |
| | | 1978 bis 1994 | 2,70 | 0,80 |
| | | nach 1994 | 2,50 | 0,80 |
| | Niedertemperatur-Zentralheizgerät, Brennwertgerät | 1978 bis 1994 | 2,10 | 0,55 |
| | | nach 1994 | 1,75 | 0,55 |
| Kombitherme, Durchlauferhitzer ($P_{KN} < 30$ kW) | mit/ohne Kleinspeicher | vor 1994 | 3,00 | 0,00 |
| | Kleinspeicher (2 l – 10 l) | nach 1994 | 2,20 | 0,00 |
| | ohne Kleinspeicher | nach 1994 | 1,80 | 0,00 |
| Feste Brennstoffe | händisch beschickt | vor 1978 | 5,70 | 1,00 |
| | | 1978 bis 1994 | 5,30 | 1,00 |
| | | nach 1994 | 5,00 | 1,00 |
| | automatisch beschickt | vor 1978 | 3,70 | 0,80 |
| | | 1978 bis 1994 | 3,40 | 0,80 |
| | | nach 1994 | 3,20 | 0,80 |

Der Wirkungsgrad unter Voll- und Teillast wird je nach Energieträger gemindert.

**Tab. 34: Kesselwirkungsgrad – Defaultwerte [PÖHN2012]**

| Lastbereich und Betriebsweise | Wirkungsgrad |
|---|---|
| bei Volllast $\eta_{be,100\%}$ | $\eta_{be,100\%} = \eta_{100\%} - k_r$ |
| bei Teillast $\eta_{be,30\%}$ | $\eta_{be,30\%} = \eta_{30\%} - k_r$ |

Die Korrekturwerte bei einer angenommenen Leistung von 26 bis 70 kW sind aus nachstehender Tabelle ersichtlich:

**Tab. 35: Wärmebereitstellungssystem – Korrekturwerte [PÖHN2012]**

| Nennleistung des Wärmebereitstellungssystems / Art des Wärmebereitstellungssystems | ≤ 26 kW | 26 kW–70 kW | > 70 kW |
|---|---|---|---|
| Feuerungsanlagen Erdgas | 0,0100 | 0,0075 | 0,0050 |
| Feuerungsanlagen Erdöl | 0,0200 | 0,0150 | 0,0100 |
| Festbrennstoff (automatisch) | 0,0300 | 0,0225 | 0,0150 |
| Festbrennstoff (nicht automatisch) | 0,0500 | 0,0350 | 0,0200 |

Die Nennleistung im Falle einer kombinierten Wärmebereitstellung errechnet sich aus der Summe der Nennleistungen für Warmwasserbereitung und Raumheizung.

**Wärmeabgabeverluste**

Die monatlichen Wärmeabgabeverluste der Raumheizung [PÖHN2012] berechnen sich gemäß nachstehender Formel:

$$Q_{H,WA} = \frac{1}{1000} \cdot q_{H,WA} \cdot d_{Heiz} \cdot t_{h,d} \cdot BF \qquad (11)$$

Beim betrachteten Gebäudebestand wird von Heizkörper-Regulierventilen ausgegangen, welche von Hand betätigt werden, von einer kleinflächigen Wärmeabgabe (z.B. Radiatoren) und einer individuellen Wärmeverbrauchsermittlung.

**Tab. 36: Raumheizung – spezifischer Wärmeverlust [PÖHN2012]**

| Art der Regelung | Wärmeverlust [W/m²] |
|---|---|
| Einzelraumregelung mit elektronischem Regelgerät mit Optimierungsfunktion | 0,38 |
| Einzelraumregelung mit P-I-Regler und Raumthermostat je Raum | 0,58 |
| Raumthermostat-Zonenregelung mit Zeitsteuerung | 0,88 |
| Einzelraumregelung mit Thermostatventilen | 1,25 |
| Heizkörper-Regulierventile, von Hand betätigt | 1,83 |
| keine Temperaturregelung | 2,91 |

| Art des Wärmeabgabesystems | Wärmeverlust [W/m²] |
|---|---|
| Gebläsekonvektor/Fan-Coil | 0,125 |
| Kleinflächige Wärmeabgabe wie Radiatoren, Einzelraumheizer | 0,250 |
| Flächenheizung | 0,500 |

| Art der Wärmeverbrauchsfestlegung | Wärmeverlust [W/m²] |
|---|---|
| Individuelle Wärmeverbrauchsermittlung und Heizkostenabrechnung | 0,00 (Fixwert) |
| Pauschale Wärmeverbrauchsermittlung und Heizkostenabrechnung | 2,30 |

**Wärmeverteilverluste**

Aus den monatlichen Wärmeverteilverlusten der Steig-, Verteil- und Stichleitungen ergibt sich die Summe der monatlichen Wärmeverteilverluste der Raumheizung. Beim betrachteten Gebäudebestand wird davon ausgegangen, dass sich nur die Stichleitungen im konditionierten Gebäudeteil befinden und somit ausschließlich diese auch rückgewinnbar sind. Die rückgewinnbaren monatlichen Wärmeverteilverluste werden daher mit den monatlichen Wärmeverteilverlusten der Stichleitungen gleichgesetzt:

**Wärmespeicherverluste**

Beim betrachteten Gebäudebestand wird das Vorhandensein von Pufferspeichern vorausgesetzt. Als Baujahr des Speichers wird das Jahr einer im Feedbackfragebogen der Plausibilitätskontrolle angegebenen Kesselsanierung angenommen. Falls im Feedbackfragebogen der Plausibilitätskontrolle keine Angabe zum Kesselbaujahr erfolgte, wird das Baujahr des Gebäudes als Baujahr des Speichers angenommen.

Des Weiteren wird davon ausgegangen, dass sich die Speicher im konditionierten Bereich des Gebäudes befinden. Die Temperaturdifferenz des Wärmespeichers wird mit 45 Kelvin festgelegt. Die Verluste aufgrund von gedämmten Anschlussteilen werden mit 0,66 W/K angesetzt. Die Berechnung der Temperaturdifferenz von Speicher und Speicherumgebung ist abhängig vom Aufstellungsort und erfolgt unterschiedlich, je nachdem, ob der Speicher im konditionierten Bereich des Gebäudes untergebracht ist oder nicht. Beim betrachteten Gebäudebestand wird davon ausgegangen, dass sich die Speicher im konditionierten Bereich des Gebäudes befinden. Das Speichervolumen wird in Abhängigkeit von der Nennleistung des Kessels bestimmt.

**Tab. 37: Wärmespeicher – Nenninhalt [PÖHN2012]**

| Art des Wärmespeichers (Defaultwerte) | Nenninhalt [l] |
|---|---|
| Pufferspeicher für händisch beschickte Festbrennstoff-Heizungen | $200 + 35 \cdot P_{KN}$ |
| Lastausgleichsspeicher | $25 \cdot P_{KN}$ |

In Abhängigkeit vom Baujahr des Speichers und der Speicherart werden die Parameter für die Berechnung des Wärmeverlustes des Speichers gesetzt und das Volumen bestimmt.

**Tab. 38: Wärmespeicher – Wärmeverlust bei Prüfbedingungen [PÖHN2012]**

| Art des Wärmespeichers (Defaultwerte) | | Wärmeverlust [kWh/d] $q_{b,WS} = a \cdot (b + c \cdot V_{TW,WS}^d)$ | | | |
|---|---|---|---|---|---|
| | | a | b | c | d |
| Heizungsspeicher | ab 1994 | 1,00 | 0,5 | 0,25 | 0,4 |
| | 1994–1978 | 1,00 | 0,5 | 0,28 | 0,4 |
| | vor 1978 | 1,00 | 0,5 | 0,31 | 0,5 |

Die monatlichen Speicherverluste der Raumheizung errechnen sich gemäß nachstehender Formel (Berechnung der monatlichen Speicherverluste der Raumheizung [PÖHN2012]):

$$Q_{H,WS} = \left( \frac{q_{b,WS}}{24 \cdot \Delta\theta_{WS,Pb}} + \frac{1}{1000} \cdot \sum q_{at} \right) \cdot \Delta\theta_{H,WS,m} \cdot d_{Heiz} \cdot 24 \qquad (12)$$

**Wärmebereitstellungsverluste – Teil 2**

Zur Berechnung der monatlichen Verluste des Heizkessels wird die Heizenergie benötigt, die vom Wärmebereitstellungssystem bereitzustellen ist. Die Heizenergie bilanziert erneut Gewinne und Verluste, wobei die nun ermittelten Abgabe- und Verteilverluste Berücksichtigung finden.

Dazu werden das Produkt aus den monatlichen Verlusten und der Faktor mit den monatlichen Abgabe-, Verteil- und Speicherverlusten der Raumheizung addiert und davon das Produkt von monatlichem Ausnutzungsgrad und Faktor sowie von monatlichen Wärmegewinnen wie auch die monatlich rückgewinnbaren Wärmeverluste des Raumheizsystems und des Warmwassersystems in Abzug gebracht. In Abhängigkeit vom Referenzsystem werden die jeweiligen Verluste addiert und die Bereitstellungsverluste ermittelt.

Bei einer **kombinierten Wärmebereitstellung** für Raumheizung und Warmwasser ist die insgesamt benötigte Wärmeenergie die Summe der für die Heizung und der für die Warmwasserbereitung erforderlichen Wärmeenergie. Der monatliche Auslastungsgrad von Kesseln für Raumheizung und Warmwasser errechnet sich wie folgt (Berechnung des monatlichen Ausnutzungsgrades [PÖHN2012]):

$$f_{kom,\varphi} = \frac{\overset{*}{Q}_{kom}}{d_{Nutz} \cdot t_{h,d} \cdot P_{kom,KN}} \leq 1,0 \qquad (13)$$

Bei der Berechnung der monatlichen Verluste von Heizkesseln [PÖHN2012] mit Modulierungsmöglichkeit werden zwei Varianten unterschieden:

$$0,3 \leq f_{kom,j} \leq 1,0:$$
$$Q_{kom,K} = P_{kom,KN} \cdot \max(d_{Heiz}, d_{Nutz}) \cdot t_{h,d} \cdot$$
$$\cdot \left[ \frac{f_{kom,\varphi} - 0,3}{0,7} \cdot \left( \frac{1}{\eta_{be,100\%}} - \frac{0,3}{\eta_{be,30\%}} - 0,7 \right) + \frac{0,3}{\eta_{be,30\%}} - 0,3 \right]$$
$$0 \leq f_{kom,j} < 0,3:$$
$$Q_{kom,K} = P_{kom,KN} \cdot \max(d_{Heiz}, d_{Nutz}) \cdot t_{h,d} \cdot$$
$$\cdot \left[ f_{kom,\varphi} \cdot \left( \frac{1}{\eta_{be,30\%}} - 1 - \frac{q_{bb}}{0,3} \right) + q_{bb} \right] \qquad (14)$$

Bei einer **nicht kombinierten Wärmebereitstellung** errechnet sich der monatliche Auslastungsgrad von Kesseln für die Raumheizung wie folgt (Berechnung des monatlichen Ausnutzungsgrades bei nicht kombinierter Wärmebereitstellung [PÖHN2012]):

$$f_{H,\varphi} = \frac{\overset{*}{Q}_{H}}{d_{Heiz} \mid t_{h,d} \cdot P_{H,KN}} \leq 1,0 \qquad (15)$$

Es werden wieder zwei Varianten zur Berechnung der monatlichen Verluste unterschieden (Berechnung der monatlichen Verluste des Heizkessels [PÖHN2012]):

$$0,3 \leq f_{H,j} \leq 1,0:$$

$$Q_{H,K} = P_{H,KN} \cdot d_{Heiz} \cdot t_{h,d} \cdot$$

$$\cdot \left[ \frac{f_{H,\varphi} - 0,3}{0,7} \cdot \left( \frac{1}{\eta_{be,100\%}} - \frac{0,3}{\eta_{be,30\%}} - 0,7 \right) + \frac{0,3}{\eta_{be,30\%}} - 0,3 \right]$$

$$0 \leq f_{H,j} < 0,3:$$

$$Q_{H,K} = P_{H,KN} \cdot d_{Heiz} \cdot t_{h,d} \cdot$$

$$\cdot \left[ f_{H,\varphi} \cdot \left( \frac{1}{\eta_{be,30\%}} - 1 - \frac{q_{bb}}{0,3} \right) + q_{bb} \right]$$

(16)

### Stromheizung

Bei einer **kombinierten Wärmebereitstellung** für Raumheizung und Warmwasser ist die insgesamt benötigte Wärmeenergie die Summe der für die Heizung und der für die Warmwasserbereitung erforderlichen Wärmeenergie. Die monatlichen Verluste der Bereitstellung durch Strom berechnen sich gemäß nachstehender Formel:

$$Q_{kom,SH} = 0,005 \cdot \dot{Q}_{kom} \qquad (17)$$

### Nah-/Fernwärme

Bei einer **kombinierten Wärmebereitstellung** für Raumheizung und Warmwasser ist die insgesamt benötigte Wärmeenergie die Summe der für die Heizung und der für die Warmwasserbereitung erforderlichen Wärmeenergie.

Die monatlichen Verluste der Wärmebereitstellung für die Raumheizung und Warmwasser durch Nah-/Fernwärme für den Sekundär- und Tertiärkreis [PÖHN2012] werden gemäß nachstehender Formel ermittelt:

$$Q_{kom,WT} = Q_{kom,WT,s} + Q_{kom,WT,t}$$

Sekundärkreis $\quad Q_{kom,WT,s} = 0,02 \cdot \dot{Q}_{kom}$

Tertiärkreis $\quad Q_{kom,WT,t} = q_{b,WT} \cdot P_{kom,WT} \cdot 45 \cdot \max(d_{Heiz}, d_{Nutz}) \cdot \frac{1}{1000}$

(18)

Die monatlichen Wärmebereitstellungsverluste sind die Verluste des jeweiligen Referenzsystems. Zur Berechnung der gesamten monatlichen Verluste werden die monatlichen Abgabe-, Verteil- und Bereitstellungsverluste addiert. Speicherverluste werden nicht berücksichtigt.

### 6.4.25.5 Hilfsenergiebedarf

**Warmwasser**

Der monatliche Hilfsenergiebedarf für Warmwasserverteilung (Zirkulationspumpe) [PÖHN2012] errechnet sich gemäß der Formel:

$$Q_{TW,WV,HE} = P_{TW,WV,p} \cdot t_{TW,WV,HE} = 0,001 \cdot (27 + 0,011 \cdot BF) \cdot 24 \cdot d \qquad (19)$$

Der monatliche Hilfsenergiebedarf zum Laden eines indirekt beheizten Trinkwasserspeichers errechnet sich gemäß der Formel (Berechnung des monatlichen Hilfsenergiebedarfs für das Laden des Trinkwasserspeichers [PÖHN2012]):

$$Q_{TW,WS,HE} = P_{TW,WS,p} \cdot t_{TW,WS,HE} \cdot d_{Nutz} =$$
$$= 0,001 \cdot (44 + 0,076 \cdot BF) \cdot \frac{2,5 \cdot Q_{tw}}{P_{TW,KN}} \qquad (20)$$

Der gesamte monatliche Hilfsenergiebedarf ergibt sich aus der Addition des monatlichen Hilfsenergiebedarfs für Warmwasserverteilung und des monatlichen Hilfsenergiebedarfs zum Laden eines indirekt beheizten Trinkwasserspeichers.

**Raumheizung**

Der monatliche Hilfsenergiebedarf für die Umwälzpumpe [PÖHN2012] errechnet sich gemäß der Formel:

$$Q_{H,WV,HE} = P_{H,WV,p} \cdot t_{H,WV,HE} = P_{H,WV,p} \cdot t_{H,K,be} \qquad (21)$$

Der Defaultwert für die Leistung der Umwälzpumpe bei einer kleinflächigen Wärmeabgabe wird der nachstehenden Tabelle entnommen:

**Tab. 39: Raumheizung – Hilfsenergiebedarf von Komponenten für Wärmeverteilung [PÖHN 2012]**

| Art der Komponente mit Hilfsenergiebedarf | | | Leistung [kW] |
|---|---|---|---|
| Gebläsekonvektor $P_{H,Vent}$ | | | $0{,}01 \times P_{H,KN}$ |
| Umwälzpumpe Wärmeverteilung $P_{H,WV,p}$ | kleinflächige Wärmeabgabe | 90°/70°– Heizkreis | $1/1000 \times (41 + 0{,}059 \cdot BF)$ |
| | | 70°/55°– Heizkreis | $1/1000 \times (44 + 0{,}076 \cdot BF)$ |
| | | 60°/35°– Heizkreis | $1/1000 \times (45 + 0{,}110 \cdot BF)$ |
| | | 55°/45°– Heizkreis | $1/1000 \times (45 + 0{,}110 \cdot BF)$ |
| | | 40°/30°– Heizkreis | $1/1000 \times (45 + 0{,}110 \cdot BF)$ |
| | Flächenheizung | 60°/35°– Heizkreis | $1/1000 \times (80 + 0{,}195 \cdot BF)$ |
| | | 40°/30°– Heizkreis | $1/1000 \times (80 + 0{,}195 \cdot BF)$ |
| | | 35°/28°– Heizkreis | $1/1000 \times (80 + 0{,}195 \cdot BF)$ |

Der monatliche Hilfsenergiebedarf zum Laden eines indirekt beheizten Heizungsspeichers [PÖHN2012] errechnet sich gemäß der Formel:

$$Q_{TW,WS,HE} = P_{TW,WS,p} \cdot t_{TW,WS,HE} \cdot d_{Nutz} =$$
$$= 0{,}001 \cdot \left(44 + 0{,}076 \cdot BF\right) \cdot \frac{2{,}5 \cdot Q_{tw}}{P_{TW,KN}} \tag{22}$$

Der gesamte monatliche Hilfsenergiebedarf ergibt sich aus der Addition der monatlichen Hilfsenergiebedarfe für Wärmeabgabe, -verteilung und -speicherung.

**Hilfsenergiebedarf für Warmwasser und Raumheizung**

Der gesamte Hilfsenergiebedarf, bestehend aus der Hilfsenergie für das Warmwasser- und das Raumheizsystem, wird auf die konditionierte BGF bezogen.

### 6.4.26 Heizenergiebedarf (HEB)

Der monatliche Heizenergiebedarf **der Raumheizung** [PÖHN2012] berechnet sich im Bilanzierungsverfahren gemäß nachstehender Formel:

$$Q_{HEB,H} = Q_{\ell} \cdot f_H + Q_H + Q_{LH} -$$
$$-\eta_{HT} \cdot \left(Q_g \cdot f_H + Q_{H,beh} + Q_{TW,beh} + Q_{LH,beh}\right) \geq 0 \tag{23}$$

Der gesamte monatliche Heizenergiebedarf [PÖHN2012] berechnet sich im Bilanzierungsverfahren gemäß nachstehender Formel:

$$Q_{HEB} = Q_\ell \cdot f_H + Q_{tw} + Q_H + Q_{TW} + Q_{LH} +$$
$$+Q_{ges,HE} - \eta_{HT} \cdot (Q_g \cdot f_H + Q_{H,beh} + Q_{TW,beh} + Q_{LH,beh}) \tag{24}$$

### 6.4.27 Heiztechnikenergiebedarf – Raumheizung (HTEBRH)

Der jährliche Heiztechnikenergiebedarf der Raumheizung ergibt sich aus dem Heizenergiebedarf abzüglich des auf das Referenzklima bezogenen jährlichen Heizwärmebedarfs und des Heizenergiebedarfs des Warmwassers bezogen auf die konditionierte BGF.

### 6.4.28 Heiztechnikenergiebedarf – Warmwasser (HTEBWW)

Der jährliche Heiztechnikenergiebedarf für das Warmwasser ist die Summe der Verluste des Warmwassersystems bezogen auf die konditionierte BGF.

### 6.4.29 Endenergiebedarf (EEB)

Da kein Kühlen und Befeuchten vorliegt, setzt sich der auf die konditionierte BGF bezogene monatliche Endenergiebedarf aus dem Heizenergiebedarf der Raumheizung und der Warmwasserbereitung, dem Hilfsenergie-, dem Beleuchtungsenergie- und dem Betriebsstrombedarf zusammen.

### 6.4.30 Primärenergiebedarf (PEB)

Einzelne Energieaufwände werden – in Abhängigkeit vom Referenzsystem – ihrem Energieträger zugeordnet und mit ihrem jeweiligen Konversionsfaktor multipliziert.

### 6.4.31 Kohlendioxidemissionen (CO2)

Analog zu vorhergehenden Kapiteln werden die Energieaufwände mit ihrem jeweiligen Konversionsfaktor für Kohlendioxidemissionen multipliziert und addiert.

## 6.4.32 Gesamtenergieeffizienzfaktor (fGEE)

Zur Berechnung des Gesamtenergieeffizienzfaktors ist der Temperaturfaktor (TF) zu ermitteln.

Der Temperaturfaktor setzt den auf das Standortklima bezogenen jährlichen Heizwärmebedarf und den auf das Referenzklima bezogenen jährlichen Heizwärmebedarf in Relation. Zum Vergleich mit dem Standortklima wird der $HWB_{26}$ ermittelt, indem die charakteristische Länge und der Temperaturfaktor einfließen. Für die Energieaufwandszahlen $e_{AWZ}$ werden nachstehende Tabellenwerte herangezogen bzw. interpoliert:

**Tab. 40: Energieaufwandszahlen für Referenzausstattung [ON-H-5056]**

| $l_c$ [m] | BGF [m²] | $e_{AWZ,Kohle}$ [-] | $e_{AWZ,Öl}$ [-] | $e_{AWZ,Gas}$ [-] | $e_{AWZ,Bio}$ [-] | $e_{AWZ,FW}$ [-] |
|---|---|---|---|---|---|---|
| 0,92 | | 1,96 | 1,45 | 1,37 | 1,48 | 1,26 |
| 1,33 | bis 400 m² | 1,82 | 1,40 | 1,33 | 1,41 | 1,22 |
| 1,60 | | 1,70 | 1,30 | 1,25 | 1,36 | 1,19 |
| 2,18 | | 1,63 | 1,27 | 1,23 | 1,34 | 1,19 |
| 0,92 | | 2,32 | 1,78 | 1,69 | 1,80 | 1,54 |
| 1,33 | | 2,09 | 1,65 | 1,57 | 1,65 | 1,43 |
| 1,60 | | 1,89 | 1,47 | 1,41 | 1,52 | 1,35 |
| 2,18 | | 1,78 | 1,40 | 1,35 | 1,48 | 1,32 |
| 2,53 | ab 400 m² | 1,70 | 1,37 | 1,32 | 1,43 | 1,29 |
| 3,20 | | 1,64 | 1,36 | 1,31 | 1,42 | 1,29 |
| 3,56 | | 1,58 | 1,35 | 1,30 | 1,40 | 1,29 |
| 4,17 | | 1,55 | 1,35 | 1,30 | 1,39 | 1,29 |
| 4,47 | | 1,53 | 1,35 | 1,30 | 1,39 | 1,29 |

Zum Vergleich mit dem Standortklima werden der $HEB_{26}$ und der $EEB_{26}$ gem. nachstehender Formel ermittelt (Ermittlung der Bezugsgrößen für den Gesamtenergieeffizienzfaktor [PÖHN2012]):

$$HEB_{26} = \left(HWB_{26} + WWWB\right) \cdot e_{AWZ,ET}$$
$$EEB_{26} = HEB_{26} + HHSB \qquad (25)$$

Der Gesamtenergieeffizienzfaktor ermittelt sich aus dem Quotienten des Endenergiebedarfs zu seiner Bezugsgröße.

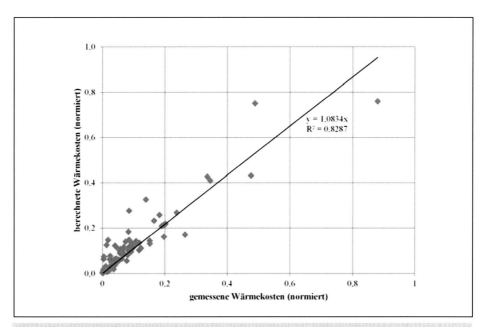

*Abb. 16: Korrelation von berechneten und gemessenen Wärmekosten auf Liegenschaftsebene*

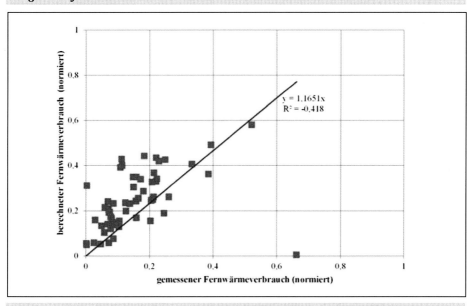

*Abb. 17: Korrelation von berechnetem und gemessenem Fernwärmeverbrauch auf Objektebene*

# 7 Validierung

## 7.1 Verbrauchsdaten

Im Rahmen des Projektes wurden in den verschiedenen Projektstufen Validierungen von Verbrauchsdaten erstellt, um notwendige Modellanpassungen erkennen und dimensionieren zu können. Die Validierung wurde auf zwei Ebenen mit unterschiedlichen Detaillierungsgraden der Verbrauchsdatenerfassung durchgeführt.

### 7.1.1 Wärme

#### 7.1.1.1 Liegenschaftsebene

Für eine Validierung des Modells in der Verbrauchsvariante wurden die durch das Matlabmodell berechneten jährlichen Verbräuche des Energieträgers für das Heiz- und Warmwassersystem mit den tatsächlichen, jährlich aufgezeichneten Verbräuchen – basierend auf Energiekostenabrechnungen auf Liegenschaftsebene – verglichen. Abbildung 16 zeigt die Korrelation der beiden Energieverbräuche.

#### 7.1.1.2 Objektebene

Um eine Validierung auf Objektebene zu ermöglichen, wurden jährliche Verbrauchsdaten der Schwarzenbergkaserne herangezogen. Diese Verbrauchsdaten sind auf Objektebene verfügbar und erlauben somit einen Vergleich mit den durch das Matlabmodell errechneten Verbräuchen für Fernwärme. Abbildung 17 zeigt die Korrelation von berechnetem und tatsächlichem Verbrauch.

## 7.1.2  Strom

Da erfasste Verbrauchsdaten nur auf Liegenschaftsebene zur Verfügung stehen, kann eine Validierung nur auf dieser Ebene erfolgen. Nachstehende Abbildung zeigt das Verhältnis von tatsächlichem zu berechnetem Stromverbrauch.

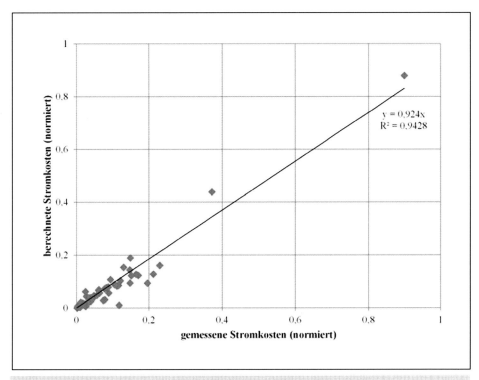

***Abb. 18: Korrelation von berechneten und gemessenen Stromkosten auf Liegenschaftsebene***

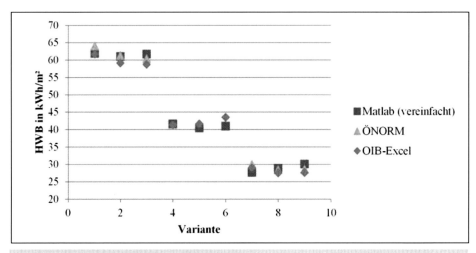

*Abb. 19: Ergebnisvergleich – HWB in kWh/m²*

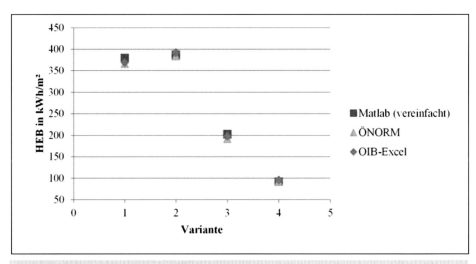

*Abb. 20: Ergebnisvergleich HEB in kWh/m²*

Zur Energieträgerverbrauchsprognose großer, heterogener Gebäudebestände

## 7.2 ÖNORM-Ringrechnungsbeispiele

### 7.2.1 ÖNORM B 8110-6

Das Modell wurde anhand des Beiblattes 1 der ÖNORM 8110-6 2011 validiert. In dem Beiblatt wird der HWB in kWh von unterschiedlichen Varianten eines Einfamilienhauses hinsichtlich des Fensteranteils und der thermischen Qualität der Außenhülle angegeben.

Die vorhandenen Werte wurden auf Jahresbasis mit den Berechnungsergebnissen verglichen. Weiters wurden die Ergebnisse mit dem durch die OIB zur Verfügung gestellten Tool „EXCEL-Schulungs-Tool für Wohngebäude" überprüft.

### 7.2.2 ÖNORM H 5056

Das Modell wurde anhand des Beiblattes 1 „Validierungsbeispiele für die Berechnung des Energiebedarfs – Einfamilienhaus" der ÖNORM H 5056 2008 validiert. In dem Beiblatt wird der HEB in kWh von unterschiedlichen Varianten eines Einfamilienhauses hinsichtlich der Referenzsysteme für die Wärmeversorgung angegeben.

Die Werte wurden auf Jahresbasis mit den Berechnungsergebnissen verglichen. Weiters wurden die Ergebnisse mit dem durch die OIB zur Verfügung gestellten Tool „EXCEL-Schulungs-Tool für Wohngebäude" überprüft.

*Tab. 41: Ergebnisvergleich – HEB in kWh/m²*

| Variante | Matlab (vereinfacht) | OIB-Excel | ÖNORM |
|----------|---------------------|-----------|-------|
| 90/70 Gas | 379,54 | 369,43 | 366,12 |
| 90/70 Öl | 386,86 | 392,35 | 383,95 |
| 70/55 Pellets | 202,58 | 197,65 | 191,80 |
| 70/55 Fernwärme | 91,62 | 95,80 | 91,59 |

# 8    Modellanwendung und Ausblick

Das beschriebene Modell als Entwicklung der Abteilung Bauwesen des Führungsunterstützungszentrums (FüUZ/Appl/Bauw) des BMLVS gemeinsam mit der Technischen Universität Wien (TU Wien, Institut für Hochbau und Technologie, Ao. Univ. Prof. Dipl.-Ing. Dr. Thomas BEDNAR) und der Abteilung Bau- und Gebäudetechnik (Bau-GebTe) des Militärischen Immobilienmanagementzentrums (MIMZ) des BMLVS stellt nach abgeschlossener Validierung ein geeignetes Werkzeug dar, um vereinfachte Energieausweise zu erstellen und ein Energielagebild zur strategischen Steuerung des Immobilienportfolios des BMLVS umzusetzen. Die konkreten Umsetzungsschritte sind in den folgenden Kapiteln zusammengefasst.

## 8.1    Anforderungen an die Implementierung des Rechenmodells im BMLVS

### 8.1.1  Sichtweisen

Abgeleitet von der Eigentümer-, Betreiber- und Nutzerperspektive wird das Referenzmodell des BMLVS in nachstehende drei Bereiche untergliedert:

- Die **Eigentümerperspektive** umfasst die Aspekte der Immobilienperformance mit den drei Indikatoren Klima, Gebäudehülle sowie Gebäude- und Energiesysteme, die vom vorstehend angeführten Referenzmodell der IEA abgeleitet wurden.
- Die **Betreiberperspektive** betreffen sowohl die Indikatoren des Energieeinkaufs als auch der Systembetrieb aus dem Energieverbrauch.
- Der **Nutzerperspektive** sind die Nutzungseffizienz und das Nutzerverhalten als Betriebsmittel im Leistungserstellungsprozess zuzuordnen.

Als personenbedingte Einflüsse zählen insbesondere das Nutzerverhalten und Nutzereinflüsse wie die Belegungsdichte, die Belegungsdauer und die aktuelle Nutzungssituation.

Im Referenzmodell des BMLVS werden nachstehende drei Sichtweisen des Energielagebildes abgebildet:

- bedarfsorientiert,
- verbrauchsorientiert und
- einkaufsorientiert.

Im „Proof of Concept" der ersten Projektrealisierungsphase werden nur die ersten zwei der angeführten Sichtweisen als Bearbeitungshypothese berücksichtigt.

Die relevanten Indikatoren je Sichtweise werden durch Auswertung der in einer Detailerhebung ermittelten Daten ausgewählter Objekte sowie durch Kontrollrechnungen iterativ extrahiert.

Die Umsetzung des Rechenmodells im BMLVS wird in der Folge als IT-Service „Energielagebild" bezeichnet.


## 8.1.2 Energiekennzahlen

Kennzahlen sind zweckorientierte Informationsgrößen und geben in komprimierter und konzentrierter Form über wichtige, quantitativ erfassbare technische, betriebswirtschaftliche oder sonstige Tatbestände und Entwicklungen einer Organisation Auskunft [EBERT2009].

Die im Zuge der Machbarkeitsstudie erstellten Energiekennzahlen bilden die Grundlage für die strategische Analyse, Planung, Steuerung und Kontrolle des Energieeinsatzes im Ressort.

Es werden daher technische und betriebswirtschaftliche Kennzahlen erarbeitet, die eine Steuerung und Optimierung der Ausgangssituation absolut (Energieausgaben, Energieverbrauch etc.) und in Verhältnisform (Energieausgaben oder Energieverbrauch pro Mitarbeiter etc.) unterstützen.

Das Auftragsziel erfordert eine Kategorisierung der Liegenschaften und Objekte und die Festlegung relevanter, vergleichbarer Bezugsgrößen. Das Ranking der Kennzahlen hat sich einerseits an den Energie- und Klimazielen sowie andererseits am möglichst geringen Investitionsvolumen zu orientieren.

Um diesen Anforderungen zu entsprechen, wird mit Spitzenkennzahlen [GESIMMO2011] für den Energieeinsatz im BMLVS ein internes und externes Benchmarking durchgeführt.

Zur Clusterbildung des Portfolios bzw. zur Abbildung der Verhältniskennzahlen sind entsprechende Vorgaben für nachstehende Themen zu treffen:

- Liegenschaftskategorisierung,
- Gebäudekategorisierung,
- Bezugsflächen und
- Bezugsgrößen.

### 8.1.2.1 Liegenschaftskategorisierung

Die einzelnen Liegenschaften des BMLVS können unterschiedlichen Liegenschaftskategorien – wie folgt – zugeordnet werden:

- Kasernen,
- Amtsgebäude,
- Fliegerhorste,
- Lager,
- Sonstige Liegenschaften etc.

Diese in der Immobiliendatenbank (IDB) hinterlegte ressortspezifische Kategorisierung der Liegenschaften wird auch der gegenständlichen Studie zugrundegelegt.

### 8.1.2.2 Gebäudekategorisierung

In Deutschland existiert für die Kategorisierung öffentlicher Gebäude der Bauwerkszuordnungskatalog [BOGEN2007]. Durch das Bundesministerium für Verkehr, Bau und Stadtentwicklung wurden Regeln für Energieverbrauchskennwerte und Vergleichswerte für Nicht-Wohngebäude herausgegeben, die auf der Gebäudeart gemäß Bauwerkszuordnungskatalog aufbauen [ORNTH2007]. In den relevanten Benchmarking Pools in Österreich und Deutschland wird diese Klassifizierung jedoch nicht bzw. kaum genützt.

Die OIB-Richtlinie 6 sieht eine dreizehnstufige Kategorisierung für Nichtwohngebäude vor, die zwar für die Berechnung der Energieausweise zu verwenden ist, aber für ein Benchmarking der Gebäude des BMLVS nur bedingt geeignet erscheint, nämlich:

- Bürogebäude,
- Kindergärten und Pflichtschulen,
- Höhere Schulen und Hochschulen,
- Krankenhäuser,
- Pflegeheime,
- Pensionen,
- Hotels,
- Gaststätten,
- Veranstaltungsstätten,
- Sportstätten,
- Verkaufsstätten,
- Hallenbäder und
- Sonstige konditionierte Gebäude.

In der ÖNORM B 1801-3 ist eine Kategorisierung der Gebäude entsprechend der Objekttypologie oder der Nutzungstypologie vorgesehen.

Die Nutzungstypologie wird in Nutzungsgruppen, in Nutzungsarten, in Nutzungen und in Nutzungsdetails untergliedert[ONB1801_2011].

Da weder der Bauwerkszuordnungskatalog noch die OIB-Richtlinie 6 eine für den Anwendungsfall geeignete Gebäudetypologie aufweisen, wird aufbauend auf der Raumnutzung gemäß DIN 277-2 und den Nutzergruppen laut ÖNORM B 1801-3 eine eigene Kategorisierung relevanter Gebäudetypen entsprechend der vermuteten Energieausgabenrelevanz wie folgt vorgenommen:

- Kanzleigebäude (Büro),
- Unterkunftsgebäude (Pension),
- Lagergebäude (Sonstige Gebäude),
- Küchengebäude (Gaststätte),
- Sonstige Gebäude (Sonstige Gebäude).

### 8.1.2.3    Bezugsflächen

Die OIB-Richtlinie 6 spricht von überwiegender Nutzung entsprechend den definierten Gebäudetypen für Nichtwohngebäude und für Wohngebäude.

In der Bau- und Immobilienbranche, aber auch in entsprechenden Benchmarking Pools wird für die Definition der Nutzung überwiegend die Gliederung der Nettogrundfläche gemäß DIN 277-2 mit den neun Nutzungsgruppen [DIN266_2005]

- NF 1 Wohnen und Aufenthalt,
- NF 2 Büroarbeit,
- NF 3 Produktion, Hand- und Maschinenarbeit, Experimente,
- NF 4 Lagern, Verteilen und Verkaufen,
- NF 5 Bildung, Unterricht und Kultur,
- NF 6 Heilen und Pflegen,
- NF 7 Sonstige Nutzflächen,
- TF 8 Technische Anlagen sowie
- VF 9 Verkehrserschließung und -sicherung

durchgeführt.

Da die Nutzergruppen gemäß DIN 277-2 bzw. nunmehr der ÖNORM B 1800:2011 [ONB1800_2011] für fast alle 107.000 Räume in der Immobiliendatenbank (IDB) erfasst und nach beheizten und unbeheizten Räumen untergliedert sind, wird diese Strukturierung als Bezugsfläche herangezogen.

Durch die Auswertung der beheizten und nicht beheizten Flächenanteile und deren Zuordnung zu den Nutzungsgruppen kann auch eine erste Ableitung erfolgen, ob der Energieausweis ein- oder mehrzonig zu rechnen ist (Nutzungen größer als 10% sind im Energieausweis als eigene Zone auszuweisen).

#### 8.1.2.4    Bezugsgrößen

Da die Bezugsfläche den wichtigen Aspekt der Flächeneffizienz nicht berücksichtigt, werden die Energieverbräuche bzw. -ausgaben zusätzlich in Relation zu den Ergebnissen des Kerngeschäfts dargestellt.

Als Kennzahl dafür wird grundsätzlich die Anzahl der Mitarbeiter (Kader, Zivilbedienstete, Grundwehrdiener) zugrundegelegt. In speziellen Fällen, wie z.B. den Wohnheimen und Seminarzentren, könnte die Anzahl der Nächtigungen als Bezugsgröße für die Energieeffizienz herangezogen werden.

Da die Mitarbeiteranzahl nur auf der Aggregationsebene der Liegenschaft aus Datenbanken auswertbar ist, sind diese Mitarbeiterzahlen über geeignete Schlüssel auf die Objekte umzulegen.

## 8.2    Umsetzung Energielagebild

Nachdem es sich beim Energielagebild um einen Top-down-Approach zur Ermittlung relevanter Parameter zur energetischen und klimapolitischen Steuerung eines großen Immobilienportfolios handelt, wurden abgeleitet von den Zielsetzungen die relevanten Grundlagen in verfügbaren IT-Services analysiert.

Aufbauend auf Langzeiterhebungen für typische Objekte im ÖBH wurde ein Rechenmodell zur Umsetzung der Ziele entwickelt und dessen Machbarkeit in einem mehrstufigen Validierungsprozess überprüft.

Nach dem positiven Abschluss des „Proof of Concept" wird das IT-Service-Energielagebild umgesetzt.

### 8.2.1  Zielsetzungen

Als Zielsetzungen für die erste Phase der Umsetzung des Energielagebildes wurden folgende definiert:

- die Erstellung vereinfachter Energieausweise (Energiebedarf) nach der OIB-Richtlinie 6/2011,
- die vereinfachte Berechnung des Verbrauchs für verschiedene Medien bzw. Träger wie z.B. Strom, Wärme, Gas, Wasser etc. auf Objekts- und Liegenschaftsebene,
- die Validierung des berechneten und teilweise aggregierten Verbrauchs mit dem gemessenen bzw. verrechneten Verbrauch,
- die Validierung der vereinfachten Energieausweise mit konventionell gerechneten Energieausweisen sowie
- die sukzessive Verbesserung der Datenqualität und der Dateninhalte in verfügbaren IT-Services sowie die iterative Verfeinerung des Energielagebildes.

### 8.2.2 IT-Services

Die Energiewende ist eine riesige Herausforderung für die Datenverarbeitung. Anders formuliert ist der Einsatz der Informations- und Kommunikationstechnologie nun eine „conditio sine qua non" für effektives und effizientes Energiemanagement.

Sowohl die periodische Verarbeitung von Zählerdaten als auch die Nutzung und energetische Steuerung eines großen Immobilienportfolios mit ca. 107.000 Räumen ist ohne Einsatz der Informationstechnologie und adäquate IT-Unterstützung wirtschaftlich nicht möglich.

Hinsichtlich der IT-Services ist zwischen internen und externen Datenquellen und Anwendungen zu differenzieren.

Als zentrales IT-Service ist das künftige Energielagebild (ELB) mit Schnittstellen zur Immobiliendatenbank (IDB), zum Personalinformationssystem (PERSIS), zum Bauinformationssystem (BI), zur Haushaltsverrechnung (HV-SAP), zur konventionellen Energieausweisberechnung (EAW) und zum Meter Data Management (MDM) anzuführen. Als externe Datenquellen sind die Klimadaten der Zentralanstalt für Meteorologie und Geodynamik und die jährlichen Verbrauchsdaten je Energieträger durch die Bundesbeschaffungsgesellschaft und die Energieversorgungsunternehmen anzuführen, mit denen ein Datenaustausch praktiziert wird.

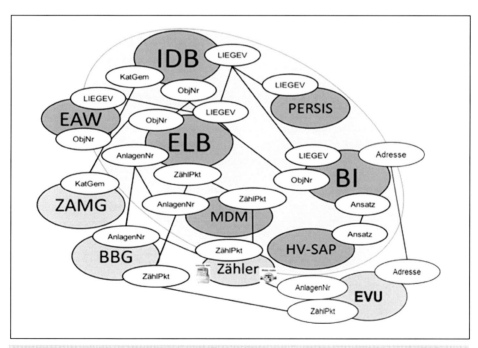

*Abb. 21: IT-Services für das Energielagebild*

Während die Schnittstellen zwischen den internen IT-Services eindeutig definiert und umgesetzt sind, besteht hinsichtlich der Schnittstellen zu externen Services Handlungsbedarf.

Dabei ist zwischen reglementierten Bereichen wie dem Grundbuch, in dem die Katastralgemeindenummer eindeutig definiert ist, dem Strom- und dem Gaseinkauf, für die ein Reglement für die Zählpunktnummer besteht, und dem sonstigen Energieeinkauf, wie z.B. Fernwärme, bei der die Anlagennummer individuell vergeben wird, zu unterscheiden.

Neben der eindeutigen Definition ist für alle Fälle die Umsetzung der Schnittstellen zu implementieren.

Weiters sind mit den externen Anbietern die periodische Übernahme der Daten und die Kosten für diese Leistung zu regeln.

Die in den IT-Services verfügbaren Daten stehen in unterschiedlichen Aggregierungsgraden zur Verfügung:

Die vorstehende Abbildung dokumentiert die derzeit gegebene Verfügbarkeit relevanter Eingangsdaten zur Darstellung des Energiebedarfs, -einkaufs und -verbrauchs. Während Eingangsdaten zum Energieausweis primär auf Objektebene vorliegen, stehen Eingangsdaten zum Energieeinkauf und -verbrauch derzeit meist nur auf Liegenschaftsebene zur Verfügung.

Für die strategische Steuerung sind ein Vergleich auf Liegenschafts- und Objektebene sowie ein internes und externes Benchmarking erforderlich, um zielgerichtet Vorgaben für das operative Energiemanagement geben zu können.

### 8.2.3 Langzeiterhebungen

Da neben der Erfüllung rechtlicher und politischer Vorgaben insbesondere die Reduktion des Verbrauchs und der Ausgaben für Energie im Fokus des Projekts stehen, wurden in mehreren Pilotliegenschaften für die vier wichtigsten Objektarten (Kanzleigebäude, Mannschaftsunterkunft, Küchengebäude und Werkstättengebäude) gemeinsam mit der Truppe über einen Zeitraum von ca. drei Jahren Erhebungen des Nutzungsverhaltens und der eingesetzten Geräte sowie Messungen und Analysen des Verbrauchs durchgeführt.

Aufbauend auf den Daten der IT-Services und den Erfahrungswerten der Langzeiterhebungen sowie dem Fach-Know-how konnten nunmehr Überlegungen zur Erarbeitung eines Rechenmodells zur Ermittlung des Bedarfs an Strom und Wärme und zur Erstellung von Verbrauchsprognosen angestellt und die Berechnungsergebnisse anhand der Messwerte bzw. der Energieausgaben validiert werden.

### 8.2.4 Rechenmodell

Zur Ermittlung von Steuerungskennzahlen über den Energiebedarf, -verbrauch und -einkauf wird im Rechenmodell ein Energiebilanzverfahren mit dynamischen (reale

Kennwerte) und statischen Indikatoren (normierte Kennwerte) verwendet, wobei deren Ergebnisse anhand von Echtdaten aus Feldversuchen (Messungen) validiert werden.

Als Vorgabe für den methodischen Ansatz war zu berücksichtigen, dass grundsätzlich nur in IT-Services verfügbare bzw. zukaufbare Daten zu verwenden waren, was teilweise die Einbeziehung von physikalischen Gesetzmäßigkeiten, wie z.B. Simulationen, erfordert.

Da im Vorfeld nicht klar war, ob mit dieser Vorgangsweise belastbare Ergebnisse erzielt werden, wurde ein iteratives Procedere gewählt, das es ermöglicht, in einem zweiten Durchgang Zwischenergebnisse zu überprüfen und gegebenenfalls durch manuelle Nacherhebungen die Resultate zu verbessern.

Dem angewendeten Monatsbilanzverfahren liegen daher sowohl dynamische als auch statische Elemente und Simulationsberechnungen sowie Felduntersuchungen zugrunde, wobei je nach Zielsetzung (Bedarfs- oder Verbrauchsorientierung) unterschiedliche Indikatoren in die jeweilige Berechnung einfließen.

Das zu bewertende Immobilienportfolio umfasst primär Bestandsgebäude im Nichtwohnbaubereich.

Da abhängig von der Zielsetzung für die Ermittlung des Energiebedarfs eher statische  und für die Eruierung des Energieverbrauchs eher dynamische Indikatoren benötigt werden, sind im Berechnungsmodell beide Indikatorengruppen abgebildet.

Zur Erstellung von Prognosen wird in der Verbrauchsvariante der theoretische Energieverbrauch berechnet. Durch den Ersatz der faktischen Verbrauchsparameter durch Normwerte errechnet sich in der Bedarfsvariante der Energiebedarf und können vereinfachte Energieausweise erstellt werden.

Daten für das vereinfachte Gebäudemodell, für die Haustechnik und für das Nutzungsprofil entstammen primär den zuvor angeführten internen IT-Services und werden durch externe Datenquellen (z.B. Klimadaten) ergänzt.


## 8.2.5  Validierungsprozess

Der Validierungsprozess bezieht sich sowohl auf die Richtigkeit der Eingangsdaten, die dem Rechenmodell zugrunde liegen, und deren inhaltliche Erweiterung als auch auf die Richtigkeit der Berechnungsergebnisse bezüglich Energieverbrauch und -bedarf.

Die mit dem Rechenmodell erzielten Ergebnisse samt den wichtigsten Eingangsdaten wurden den zuständigen Militärischen Servicezentren in einem Informationsmeeting vorgestellt und mit einem Leitfaden zur Überprüfung übermittelt.

Dabei wurden einige wenige zusätzliche Eingangsdaten, wie z.B. die Wärmedurchgangskoeffizienten der wichtigsten Bauteile sowie Erweiterungen des Gebäudemodells im Bereich Keller und Dachgeschoß, zusätzlich erfasst.

Bezüglich des ermittelten Strom- und Wärmeverbrauchs wurden die tatsächlichen Energieausgaben pro Liegenschaft und der davon abgeleitete Endenergieverbrauch je Liegenschaft mit dem Berechnungsergebnis aggregiert auf der Liegenschaftsebene verglichen. Soweit Ausgaben und Verbräuche auf der Objektebene vorlagen, wurden diese mit den berechneten Verbräuchen verglichen.

Die Korrelation sowohl des Wärme- als auch des Stromverbrauchs bzw. der betreffenden Kosten gemäß dem aktuellen Release des Berechnungsmodells zu den gemessenen Werten ergab einen Regressionskoeffizienten von 83% im Bereich Wärme und 94% im Bereich Strom.

Bezüglich des Energiebedarfs wurden 28 konventionell berechnete Energieausweise mit den vereinfachten Energieausweisen verglichen.

Dabei ist zu beachten, dass die konventionell berechneten Energieausweise auf der OIB-Richtlinie 6/2007 basieren, die vereinfachte Variante jedoch bereits die Anforderungen der OIB-Richtlinie 6/2011 berücksichtigt.

Beim Vergleich ist daher darauf zu achten, dass der auf Seite 1 des Energieausweises ausgeworfene Heizwärmebedarf einerseits auf das Standortklima und andererseits auf das Referenzklima bezogen wird.

Die Ergebnisse der vereinfachten Energieausweise liegen in einer vertretbaren Bandbreite zu den konventionell berechneten Werten.

## 8.2.6 Machbarkeitsstudie

Die Machbarkeitsstudie wurde in einem iterativen Verfahren in neun Arbeitsschritten wie folgt entwickelt:

- Langzeiterhebung für Referenzobjekte,
- Entwicklung des Rechenmodells zur Ermittlung des Energieverbrauchs und -bedarfs,
- Dokumentation und iterative Verfeinerung des Rechenmodells (fünf Releases),
- Erstellung und Abstimmung der Layouts für den vereinfachten Energieausweis gemäß OIB-Richtlinie 6/2011,
- Ergebnisvalidierung des prognostizierten Strom- und Wärmeverbrauchs mit den Werten gemäß den Liegenschafts- und Objektausgaben,
- Validierung und Ergänzung der Eingangsdaten und Einschätzung der „Energieklasse" durch die Militärischen Servicezentren,
- Validierung der Ergebnisse der vereinfachten Energieausweise mit 28 konventionell berechneten Energieausweisen,
- Freigabe des Rechenmodells durch die TU WIEN, das Abteilungsprojekt Energiemanagement und das Führungsunterstützungszentrum im BMLVS,
- Ausdruck und Übergabe der vereinfachten Energieausweise an den Leiter der Sektion III des BMLVS.

Auf Basis der Machbarkeitsstudie wird in einem weiteren Schritt der Prototyp des Energielagebildes in das IT-Service Energielagebild übergeführt. Dadurch ist die laufende automationsunterstützte Aktualisierung der vereinfachten Energieausweise sichergestellt.

## 8.3 Resümee

In diesem Kapitel wird zwischen bislang erzielten Ergebnissen und zukünftig erforderlichen Entwicklungen und Perspektiven differenziert.

### 8.3.1 Ergebnisse

Die gegenständliche Studie dokumentiert die Bedeutung der Informatik für das Energiemanagement.

Durch die Informationsintegration im Sinne eines Data Warehouse werden Daten aus verschiedenen IT-Services zur Entscheidungsunterstützung in Fragen der Energieeffizienz, Klimapolitik und Betriebswirtschaft aufbereitet.

Als konkretes Ergebnis der ersten Phase des Projekts werden für ca. 2.000 beheizte Gebäude des ÖBH

- der Energieverbrauch berechnet,
- der Energiebedarf ermittelt,
- der Gebäudebestand in energetischer und klimapolitischer Sicht klassifiziert und
- vereinfachte Energieausweise gemäß OIB-Richtlinie 6/2011 erstellt.

Dadurch können die Vorgaben gemäß Art 5 EU-EnEff-RL zur Erstellung einer Inventur der beheizten Gebäude bis 31.12.2013 und die Erstellung von Energieausweisen für Bestandsgebäude gemäß OIB-Richtlinie 6/2011 effizient und effektiv umgesetzt werden.

Gegenüber der konventionellen Berechnung der Energieausweise konnten dadurch Einsparungen in Höhe von mehr als 4 Mio. € erzielt werden.

### 8.3.2 Ausblick

In der nächsten Phase des Projekts sollen die derzeit manuell erfassten Zählerwerte automationsunterstützt ausgelesen (Meter Data Management) und im Rahmen der Immobiliendatenbank (IDB) und des Energielagebildes (ELB) genützt werden.

Als Synergie können die Messdaten zur Ableitung von Steuerungsmaßnahmen des Gebäudebetriebs verwendet werden. Dazu werden die ca. 300 Gebäudeautomationssysteme unter dem Aspekt der Interoperabilität mit BACnet zu mehreren zentralen Gebäudeautomationssystemen unter Berücksichtigung der aktuellen Sicherheitsbedürfnisse zusammengefasst. Weiters ist vorgesehen diese Ergebnisse bottom-up in das Energielagebild einzubinden und daraus Steuerungsmaßnahmen abzuleiten.

Auch ist der Ausbau des Energielagebildes (ELB) um den Aspekt des Energieeinkaufs vorgesehen.

Ein weiteres Projektziel ist die nutzergerechte Interpretation und Visualisierung des Verbrauchs und der Umfeldbedingungen. Die Nutzer sollen durch verbesserte Information und Anreizsysteme motiviert werden, die Energieeffizienz im ÖBH weiter zu steigern.

# 9 Abkürzungsverzeichnis

| | |
|---|---|
| AW | Außenwand |
| BI | Bauinformationssystem |
| BGF | Bruttogrundfläche |
| BMLVS | Bundesministerium für Landesverteidigung und Sport |
| BRI | Bruttorauminhalt |
| BBG | Bundesbeschaffungsgesellschaft |
| bzw. | beziehungsweise |
| $CO_2$ | Kohlendioxid |
| DIN | Deutsche Industrie Norm |
| EAW | Energieausweis |
| EEB | Endenergiebedarf |
| ELB | Energielagebild |
| Excel | Tabellenkalkulationsprogramm von Microsoft |
| FüUZ | Führungsunterstützungszentrum |
| FüUZ/Appl/BauW | Führungsunterstützungszentrum, Applikationen, Abteilung Bauwesen |
| GHF | Gebäudehüllfäche |
| GWD | Grundwehrdiener |
| HGT | Heizgradtage |
| HV-SAP | Haushaltsverrechnung des Bundes via SAP |
| HWB | Heizwärmebedarf |
| IDB | Immobiliendatenbank |
| IDB-EM | Modul zur Energieverbrauchserfassung im Rahmen der IDB |
| i.d.R. | in der Regel |
| IEA | Internationale Energieagentur |
| KüGeb | Küchengebäude |
| kWh | Kilowattstunde |
| KzlGeb | Kanzleigebäude |
| LEK | liegenschaftsbezogene Einsparungskonzepte |
| LgGeb | Lagergebäude |
| m, m², m³ | Meter, Quadratmeter, Kubikmeter |
| Matlab | „matrix laboratory"-Software von The MathWorks, Inc. zur Lösung mathematischer Probleme und deren grafischer Darstellung |
| MDM | Meter Data Management |
| MIMZ | Militärisches Immobilienmanagementzentrum |
| MSZ | Militärisches Servicezentrum |
| MUK | Mannschaftsunterkunftsgebäude |
| NAT | Normaußentemperatur |

Zur Energieträgerverbrauchsprognose großer, heterogener Gebäudebestände

| | |
|---|---|
| NF | Nutzfläche |
| NGF | Nettogrundfläche |
| | |
| NRI | Nettorauminhalt |
| od. | oder |
| OGD | oberste Geschoßdecke |
| OIB | Österreichisches Institut für Bautechnik |
| ÖNORM | Österreichische Norm |
| PERSIS | Personalinformationssystem |
| SAP | SAP Aktiengesellschaft (Systemanalyse und Programment-wicklung) |
| s.o. | siehe oben |
| SonstGeb | Sonstiges Gebäude |
| TF | Technische Funktionsfläche |
| TU Wien | Technische Universität Wien |
| u.a. | unter anderem |
| UGD | unterste Geschoßdecke |
| v.a. | vorstehend angeführt |
| vEAW | vereinfachter Energieausweis (vereinfachte Berechnung gem. OIB Richtline 6/2011) |
| VF | Verkehrsfläche |
| WWWB | Warmwasserwärmebedarf |
| ZAMG | Zentralanstalt für Meteorologie und Geodynamik |

# 10    Quellenhinweise

[OIB-RL6] OIB-RICHTLINIE 6. Ausgabe 2011
http://www.oib.or.at/RL6_061011.pdf

[OIB-RL6-L] LEITFADEN ZUR OIB RICHTLINIe 6, Ausgabe Dezember 2012
http://www.oib.or.at/LF6_301211%20Revision.pdf

[ON-H-8110-6] ÖNORM B 8110-6: Wärmeschutz im Hochbau – Teil 6: Grundlagen und Nachweisverfahren – Heizwärmebedarf und Kühlbedarf; Ausgabe 2010-01-01.

[ON-H-5056] ÖNORM H 5056: Gesamtenergieeffizienz von Gebäuden – Heiztechnik – Energiebedarf; Ausgabe 2011-03-01.

[ON-H-5059] ÖNORM H 5059: Gesamtenergieeffizienz von Gebäuden – Beleuchtungsenergiebedarf; Ausgabe 2011-03-01.

[PÖHN2012] PÖHN, C., PECH, A., BEDNAR, T., STREICHER, W. (2012): Bauphysik – Erweiterung 1, Energieeinsparung und Wärmeschutz, Energieausweis – Gesamtenergieeffizienz; zweite erweiterte Auflage; Springer Verlag; ISBN 1614-1288.

[FRITZEN2012] FRITZENWALLNER RUPERT (2012): Strategisches Energiemanagement. Ein Top-down-Approach zur Entwicklung eines Lagebildes zur energetischen und klimapolitischen Steuerung eines großen Immobilienportfolios. Abschlussarbeit EUREM II für die Bodenseeregion.

[FRITZEN2013a] FRITZENWALLNER Rupert (2013): Strategisches Energiemanagement. Bewerbung beim den internationalen EUREM-Award 2013.

[FRITZEN2013b] FRITZENWALLNER Rupert (2013): Energiemanagement und Informatik – ein Top-down-Approach zur energetischen und klimapolitischen Steuerung eines großen Immobilienportfolios. Bewerbung um den FMA Ausbildungspreis 2013.

[FRITZEN2013c] FRITZENWALLNER Rupert (2013): Energiemanagement und Informatik – EUREM Award, bestes österreichisches Projekt, Der Soldat Nr.12 / Mittwoch, 26. Juni 2013, Seite 6.

[FÜUZ] FÜHRUNGSUNTERSTÜTZUNGSZENTRUM, Abteilung Bauwesen (Hrsg.) (2014): IT-Service Energielagebild (ELB), Dokumentation.

[EBERT2009] EBERT, G., MONIEN, F. STEINHÜBL, V. (2009): Controlling in der Wohnungs- und Immobilienwirtschaft. S. 211.

[GESIMMO2011] GESELLSCHAFT FÜR IMMOBILIENWIRTSCHAFTLICHE FORSCHUNG (Hrsg.) (2011): Kennzahlen-Katalog Immobilienmanagement. S. 11.

[BOGEN2007] BOGENSTÄTTER, U. (2007): Bauwerkszuordnungskatalog. S. 3ff.

[ORNTH2007] ORNTH, W. (2007): Bekanntmachung der Regeln für Energie-verbrauchskennwerte und Vergleichswerte für Nichtwohngebäude. S. 1ff.

[ÖNB1801_2011] AUSTRIAN STANDARDS (2011): ÖNORM B 1801-3. Bauprojekt- und Objektmanagement – Teil 3: Objekt- und Nutzungstypologie.

[DIN277_2005] DEUTSCHES INSTITUT FÜR NORMUNG (Hrsg.) (2005): DIN 277-2. Grundflächen und Rauminhalte von Bauwerken im Hochbau – Teil 2: Gliederung der Netto-Grundfläche (Nutzflächen, Technische Funktionsflächen und Verkehrsflächen).

[ONB1800_2011] AUSTRIAN STANDARDS (2011): ÖNORM B 1800. Ermittlung von Flächen und Rauminhalten von Bauwerken. S. 5.

# 11   Abbildungsverzeichnis

# 12 Formelverzeichnis

# 13    Tabellenverzeichnis

## Ao. Univ.-Prof. Dipl.-Ing. Dr. Thomas BEDNAR

Leiter des Forschungsbereiches für Bauphysik und Schallschutz am Institut für Hochbau und Technologie der Technischen Universität Wien; Ao. Univ.-Prof. am Institut für Hochbau und Technologie der TU Wien.

1995 Abschluss des Studiums der Technischen Physik mit Diplom. 1996 Assistent des Forschungsbereiches für Bauphysik und Schallschutz.

Im Jahr 2000 Promotion an der TU Wien über die Weiterentwicklung von Mess- und Rechenverfahren zur Beurteilung des feuchte- und wärmetechnischen Verhaltens von Bauteilen und Gebäuden. 2005 Habilitation an der TU Wien mit dem Fachgebiet „Bauphysik". Seit 2008 Leiter des Forschungsbereiches Bauphysik und Schallschutz.

Arbeitsschwerpunkt ist die Entwicklung und der Einsatz von Simulationsmodellen in der Bauphysik. Österreichisches Mitglied im IEA-ECBCS-Programm Annex 41 "Whole building heat, air and moisture response", Annex 53 "Total Energy Use in Buildings: Analysis & Evaluation Methods ", Annex 55 "Reliability of Energy Efficient Building Retrofitting - Probability Assessment of Performance & Cost", CEN/TC 89 und ISO/TC 163; Leitung von ÖNORM-Arbeitskreisen für die Erstellung von bauphysikalischen Nachweisen, Mitarbeit bei Regelwerken für den Energieausweis und die Bauakustik; seit 2009 ständiges Mitglied im Bundesdenkmalbeirat des Bundesministeriums für Unterricht, Kunst und Kultur; Autor von über 235 Publikationen, davon 65 referiert.

# Univ.-Prof. Dipl.-Ing. Dr. techn. DDr. h.c. Josef EBERHARDSTEINER, w. M.

Geb. 1957; Universitätsprofessor für Werkstoff- und Struktursimulation im Bauwesen am Institut für Mechanik der Werkstoffe und Strukturen der Fakultät für Bauingenieurwesen der Technischen Universität Wien. 1983 Sponsion zum Dipl.-Ing. (Studium Bauingenieurwesen, TU Wien); 1989 Promotion zum Dr. techn.; 2001 Habilitation für das Fach „Festigkeitslehre" an der Fakultät für Bauingenieurwesen der TU Wien; ab 2001 Ao. Univ.-Prof.; 2003 Ernennung zum Univ.-Prof.; 2004–2007 stv. Studiendekan der Fakultät für Bauingenieurwesen; 2004–2007 und 2010–2011 Vorstand des Instituts für Mechanik der Werkstoffe und Strukturen; seit 2007 Aufsichtsratsvorsitzender des European Virtual Institute of Knowledge-based Multifunctional Materials (KMM-VIN); seit 2008 Dekan der Fakultät für Bauingenieurwesen der TU Wien; 2009–2010 Präsident der Danubia-Adria Society for Experimental Mechanics; seit 2009 Mitglied des Managing Board und seit 2013 Generalsekretär der European Community of Computational Methods and Applied Sciences (ECCOMAS). Seit 2014 ist er Ko-Koordinator der Doktoratsinitiative DokIn'Holz „Holz – Mehrwertstoff mit Zukunft". Ab 2015 Funktion des Vizerektors für Infrastruktur der TU Wien.

Das wissenschaftliche Opus von Josef Eberhardsteiner umfasst mehr als 310 Veröffentlichungen, darunter 5 Bücher, 17 Buchkapitel, 22 herausgegebene Bücher bzw. Konferenz-Proceedings und 113 referierte Aufsätze, überwiegend in renommierten internationalen Fachzeitschriften.

2005 erhielt Josef Eberhardsteiner das Goldene Ehrenzeichen für Verdienste um die Republik Österreich; er ist seit 2005 Mitglied der New York Academy of Sciences; 2009 wurde er zum k. M. der ÖAW gewählt, seit 2013 ist er w. M. der ÖAW sowie Mitglied der Kommission der ÖAW für die wissenschaftliche Zusammenarbeit mit Dienststellen des BMLVS; 2011 Dr. h. c. der Weißrussischen Nationalen Technischen Universität Minsk und Dr. h. c. der Universität für Architektur, Bauingenieurwesen und Geodäsie Sofia; 2012 Fellow Award der International Association for Computational Mechanics; 2014 wurde er zum Auswärtigen Mitglied der Russischen Akademie für Architektur und Bauwissenschaften ernannt.

## Hofrat Dr. Rupert FRITZENWALLNER

Nach der Ausbildung zum Bauingenieur war Dr. FRITZENWALLNER einige Jahre in einem Ziviltechnikerbüro tätig.

Ab dem Jahr 1979 wurden verschiedene Funktionen als Bautechniker und Leiter der Vergabestelle in der ehemaligen Bundesgebäudeverwaltung II Linz-Salzburg wahrgenommen.

Ab dem Jahr 1989 wurde eine EDV- und Organisationsabteilung im Bundeshochbau aufgebaut. Nach dem Wechsel ins BMLV im Jahr 2000 wurde die Leitung der Abteilung E des HDVA und später der Abteilung Bauwesen im KdoFüU bzw. im FüUZ übernommen. Die Abteilung Bauwesen des Führungsunterstützungszentrums ist verantwortlich für die IT-Unterstützung der Facility Management Organisationen im Ressort, wofür das Heeresbaunetz mit ca. 1.000 Arbeitsplätzen und diversen fachspezifischen IT-Services betrieben wird. Im Rahmen der Bundesheerreform ÖBH 2010 wurden von Dr. FRITZENWALLNER zwei Teilprojekte geleitet und das Teilprojekt „Facility Management" als stellvertreder Projektleiter geführt. Auch zwei interne Forschungsprojekte im BMLVS zum Thema „Corporate Security Management" und „Food Chain Management" wurden von ihm geleitet.

Dr. FRITZENWALLNER hat neben einer wirtschaftswissenschaftlichen Dissertation, einen Dipl.-HTL-Ing. in Hochbau, zwei Masterabschlüsse im Facility und Real Estate Management und einen MBA in New Public Management absolviert. Auch ist er zertifizierter Senior Projektmanager nach IPMA, ITIL-Expert nach „exin" und Europäischer Energiemanager.

## Dipl.-Ing. Maximilian NEUSSER

Nach Abschluss des Bauingenieurstudiums an der Technischen Universität Wien war Dipl.-Ing. NEUSSER zwischen Dezember 2011 und August 2013 als Projektassistent an der TU Wien am Institut für Hochbau und Technologie – Forschungsbereich für Bauphysik und Schallschutz mit dem Arbeitsschwerpunkt Aufbau von Gebäudesimulationsmodellen in unterschiedlichen Detaillierungsgraden angestellt. Seit August 2013 ist Dipl.-Ing. NEUSSER als Universitätsassistent im Rahmen seiner Dissertation im Fachbereich der Bauakustik tätig. Die Schwerpunkte umfassen die physikalische Modellbildung und die Ausformulierung der numerischen Algorithmen zur Prognose der statistischen Varianz von Kenngrößen zur bauakustischen Performancebeschreibung von Bauteilen in FEM-Programmumgebungen.

Ein weiterer Arbeitsschwerpunkt stellt die Weiterentwicklung von Berechnungsmethoden zur Ermittlung der Energieperformance von Gebäuden und Gebäudekonglomeraten dar. Die Arbeiten umfassen physikalische Modellbildung, Ausformulierung des numerischen Algorithmus und Implementierung als Webservice.

# Hofrat Dipl.-Ing. Helmut WEINHARDT

Nach der Ausbildung zum Diplomingenieur Elektrotechnik an der Technischen Universität GRAZ war Dipl.-Ing. WEINHARDT fast zwei Jahrzehnte in der Bahnstromversorgung sowie in kommunalen Energieversorgungsunternehmen in leitender Funktion tätig.

Seit 2001 steht er im Dienst der Bauorganisation des BMLVS, zunächst in der Heeresbauverwaltung WEST und seit 2010 im Militärischen Immobilienmanagementzentrum als Referatsleiter für Bau- und Gebäudetechnik. Damit ist er verantwortlich für die strategische Ausrichtung der Energie- und Wasserversorgung, die Abwasserentsorgung sowie Gebäudetechnik sämtlicher militärischer Liegenschaften im In- und Ausland.

Seit 2009 leitet Dipl.-Ing. WEINHARDT außerdem das Abteilungsprojekt „Energiemanagement im BMLVS", 2012/13 absolvierte er die Ausbildung zum Europäischen Energiemanager (EUREM). Über viele Jahre war er auch nebenberuflich im Unterricht Fachtheorie Elektrotechnik an der HTL INNSBRUCK / Anichstraße und in der Erwachsenenbildung tätig.

VERLAG DER ÖSTERREICHISCHEN AKADEMIE DER WISSENSCHAFTEN
Wien 2015

**Folgende Publikationen sind inzwischen erschienen:**

- **Projektbericht 1:**
  Elisabeth Lichtenberger: Geopolitische Lage und Transitfunktion Österreichs in Europa. Wien 1999.

- **Projektbericht 2:**
  Klaus-Dieter Schneiderbauer und Franz Weber (mit einem Beitrag von Wolfgang Pexa): Stoß- und Druckwellenausbreitung von Explosionen in Stollensystemen. Wien 1999.

- **Projektbericht 3:**
  Elisabeth Lichtenberger: Analysen zur Erreichbarkeit von Raum und Gesellschaft in Österreich. Wien 2001.

- **Projektbericht 4:**
  Siegfried J. Bauer (mit einem Beitrag von Alfred Vogel): Die Abhängigkeit der Nachrichtenübertragung, Ortung und Navigation von der Ionosphäre. Wien 2002.

- **Projektbericht 5:**
  Klaus-Dieter Schneiderbauer und Franz Weber (mit einem Beitrag von Alfred Vogel): Integrierte geophysikalische Messungen zur Vorbereitung und Auswertung von Großsprengversuchen am Erzberg/Steiermark. Wien 2003.

- **Projektbericht 6:**
  Georg Wick und Michael Knoflach: Kardiovaskuläre Risikofaktoren bei Stellungspflichtigen mit besonderem Augenmerk auf die Immunreaktion gegen Hitzeschockprotein 60. Wien 2004.

- **Projektbericht 7:**
  Hans Sünkel und Alfred Vogel (Hrsg.): Wissenschaft – Forschung – Landesverteidigung: 10 Jahre ÖAW – BMLV/LVAK. Wien 2005.

- **Projektbericht 8:**
  Andrea K. Riemer und Herbert Matis: Die Internationale Ordnung am Beginn des 21. Jahrhunderts. Eigenschaften, Akteure und Herausforderungen im Kontext sozialwissenschaftlicher Theoriebildung. Wien 2006.

- **Projektbericht 9:**
  Roman Lackner, Matthias Zeiml, David Leithner, Georg Ferner, Josef Eberhardsteiner und Herbert A. Mang: Feuerlastinduziertes Abplatzverhalten von Beton in Hohlraumbauten. Wien 2007.

- **Projektbericht 10:**
  Michael Kuhn, Astrid Lambrecht, Jakob Abermann, Gernot Patzelt und Günther Groß: Die österreichischen Gletscher 1998 und 1969, Flächen und Volumenänderungen. Wien 2008.

- **Projektbericht 11:**
  Hans Wallner, Alfred Vogel und Friedrich Firneis: Österreichische Akademie der Wissenschaften und Streitkräfte 1847 bis 2009 – Zusammenarbeit im Staatsinteresse. Wien 2009.

- **Projektbericht 12:**
  Andreas Stupka, Dietmar Franzisci und Raimund Schittenhelm: Von der Notwendigkeit der Militärwissenschaften. Wien 2010.

- **Projektbericht 13:**
  Guido Korlath: Zur Mobilität terrestrischer Plattformen. Wien 2011.

- **Projektbericht 14:**
  Siegfried J. Bauer: Solar Cycle Influence of GPS Range Errors from Mesoscale Ionospheric Anomalies (MSTIDs). Wien 2012.

- **Projektbericht 15:**
  Giselher Guttmann: Psychologie und Landesverteidigung. Synergien aus anwendungsoffener Grundlagenforschung. Wien 2013.

- **Projektbericht 16:**
  Gerhard L. Fasching, Martin Seger, Hans Sünkel und Friedrich Teichmann: Vom "Staatsgeheimnis" zum satellitengestützten Geoinformationswesen. Wien 2014.

- **Projektbericht 17:**
  Thomas Bednar, Josef Eberhardsteiner, Rupert Fritzenwallner, Maximilian Neusser und Helmut Weinhardt: Zur Energieträgerverbrauchsprognose großer, heterogener Gebäudebestände. Grundlagen – Potentiale – Vorgehensweisen. Wien 2015.